サンゴ礁の植物

沖縄の海藻と海草
ものがたり

A Story of Common Seaweeds of Okinawa

TOMA Takeshi

当真 武

ボーダーインク

海藻・海草図集（本文に出てくる種類を中心に）1　緑藻類

①ヒトエグサ（あーさ）：②ヒトエグサ養殖場：③リボンアオサ：④アナアオサ：⑤アオサ類の自然繁殖：⑥タレツアオノリ：⑦アミアオサの拡大：⑧アミアオサ：⑨ボウアオノリ：⑩クビレズタ（海ぶどう）：⑪池で畜養中のクビレズタ⑫タカノハズタ（海ゴーヤー）⑬フデノホ：⑭マガタマモ：⑮ウスガネサ

海藻・海草図集　2　緑藻類

①キッコウグサ：②ミル（二枚貝サルボウにつく）：③ミズタマ ④：サボテングサ：⑤ウチワサボテングサ：⑥カサノリ：⑦ヒナカサノリ：⑧リュウキュウガサ：⑨イソスギナ：⑩キツネノオ：⑪ミドリゲ：⑫ミドリゲ顕微鏡写真（金城貴之・木戸口泰樹氏撮影）

海藻・海草図集　3　褐藻類

①②：ウスユキウチワ：③ウスバウミウチワ（TY）：④ フクロノリ：⑤モフィットウミウチワ（TY）（1991.3 中城湾浜）：⑥ウミウチワの一種：⑦シマオオギ（水深0.5 m）：⑧ウミトラノオ：⑨ラッパモク：⑩カラクサモク（MS）：⑪オキナワモズク：⑫モズク：⑬シオミドロ：⑭⑮タルガタシオミドロ（MK）

海藻・海草図集 4 褐藻類 オキナワモズクとヒジキ

オキナワモズク（すぬい）①②③⑤網についた状態：④礁池（いのー）に張られた養殖網（もずく畑），短冊状は養殖網，濃い所は繁殖している状態，薄い所は収穫後の状態：⑥収穫の風景
ヒジキ ⑦直立する状態（HS）：⑧干潮時，横臥し繁茂する状態：⑨枯死期．仮根が目立つ：⑩花のようにみえる雌性生殖床（中央の粒つぶ）：⑪夏季に残る小葉群：⑫発芽は波の激しい所の穴から始まる

海藻・海草図集　5　紅藻類

①クビレオゴノリ；②果胞子嚢をつけるクビレオゴノリ：③ユミガタオゴノリ：④モサオゴノリ（RT）：⑤カタオゴノリ（TY）：⑥イバラノリ：⑦オゴノリ類・マクリ（海人草）の採集物：⑧カタメンキリンサイ：⑨キリンサイ：⑩マルバアマノリ：⑪ツクシアマノリ（MT）⑫消波堤につくマルバアマノリ：⑬ハナフノリ：⑭ハナフノリ群生：⑮トゲノリ

海藻・海草図集　6　紅藻類

●紅藻類
①カモガシラノリ：②ホソバガラガラ（TY）：③ガラガラ：④ソデガラミ：⑤ソデガラミの拡大：⑥ハイテングサ：⑦シマテングサ：⑧ホソバナミノハナ（先端が反り返る、指でこすると松ヤニの匂いを発する）：⑨イソノハナ：⑩カイメンソウ：⑪コケモドキ：⑫マクリ(海人草・なちょーら)；⑬ケコダハダ：⑭アカソゾ：⑮ナンカイソゾ（MM）

海藻・海草図集 7 変色する褐藻・大きくなる褐藻、紅藻・サンゴモ科

●弱ると色が変わる種
①ウラボシヤハズ［アミジグサ科］特徴的な臭いを発し、葉の裏に多くの斑点がある：②干潮時、体が弱ると硫酸をだし青く変色する，潮が満ちてくると回復する：③④アツバコモングサ［アミジグサ科］干潮時体が弱ると硫酸をだし青く変色する，潮が満ちてくると回復する（2017年5月）

●1～5mになるホンダワラ科　①コバモク（褐）、6mになる、中城湾産：②コバモクの根茎部（ミクロネシア・トラック島・2007年6月）：③④マジリモク（褐）3～7mになる：⑤チュラシマモクと気泡：⑥チュラシマモク（①③⑥島袋寛盛（HS）提供）

●造礁サンゴと間違えやすい紅藻　サンゴモ科　①モルッカイシモ：②ヒライボ：③ヒラタイシモ

海藻・海草図集 8 ユニークな形と色の緑藻と褐藻

①マユハキモ：②ナガミル：③タンポヤリ：④カゴメノリ：⑤ジガミグサ：⑥フタエオオギ：⑦以下海藻・海草図集4の続き：⑦ヒジキ生育場（矢印左からアオサ帯、カイノリ帯、ヒジキ帯、キシュウモク帯）：⑧ヒジキ：⑨⑩キシュウモク（MS）葉は細長くて厚く，ツルツルした皮革の感じ．ヒジキ帯の下部に群生する：⑪ヒメハモク

海藻・海草図集 9 ユニークな形と色の紅藻

①フサノリ：②フサノリ（海中）：③ヌラマサ：④⑤ナンキガラガラ（MK）：⑥ハリガネソゾ（HO）：⑦カギケノリ：⑧カゲキノリ：⑨フイリグサ：⑩カラゴロモ（棚原盛秀氏提供）：⑪カラゴロモ顕微鏡写真：⑫カラゴロモ（内部に見えるのは枝胞子嚢　渡邉謙太氏提供）：⑬⑭ジュズフサノリ（上原秀貴氏提供）：⑮イソバショウ

海藻・海草図集　10　海草

①コアマモ：②コアマモの葉の拡大：③ウミジグサ：④ウミジグサの葉の拡大（矢印はジャバラノリ）；⑤⑥マツバウミジグサ：⑦⑧ベニアマモ：⑨⑩⑪リュウキュウアマモ：⑫ウミショウブ：⑬浮かぶウミショウブの白い花粉：⑭ウミショウブの受粉（横地洋之氏提供）：⑮ウミショウブの葉

海藻・海草図集　11　海草

⑯⑰ボウバアマモ：⑱ボウバアマモとオキナワモズク：⑲リュウキュウスガモ：⑳リュウキュウスガモの実：㉑リュウキュウスガモの発芽：㉒ウミヒルモ：㉓ウミヒルモの拡大：㉔トゲウミヒルモ（海中）：㉕トゲウミヒルモ：㉖オオウミヒルモ：㉗オオウミヒルモの雌花：㉘雄花：㉙㉚ホソウミヒルモ：㉛ホソウミヒルモの2個の実（矢印）

海藻・海草図集　12　新しく紹介する種類

タマミル *Codium minus* (Schmidt) Silva（緑）球状、中実、低潮線から深所に生育する.
①フォルマリン漬け標本3個体：那覇港沖の水深約50mから1988年1月採集(海老沢彦氏提供) ②那覇港沖の水深20mから2014年2月採集、直径0.7～2.0cm, 毛状根をもつ(岩永洋志登氏提供). 分布：本州、九州、南西諸島, 朝鮮半島. 京都府若狭湾の水深63mから採集されている(植田・岡田1938)：③ネザシミル *C. coactum*（緑）（2013年4月）、豊見城市豊崎

ジュウタンシオグサ *Cladophora pachyliebetruthii* van den Hoek et Chihara（緑）(MK) 稀少種：④沖縄島中城村浜、2005年5月採集：⑤与那原町当添 2017年10月 スケール＝15cm：⑥⑦顕微鏡写真（渡邉謙太氏撮影）

ウミボッス *Nereia intricate* Yamada （褐）(SK) 採集例の少ない稀少種、沖縄県絶滅危惧種Ⅰ類．
⑧⑨⑩ 辺野古の海草モ場で 2013 年 4 月水深 0.8m で採集（棚原盛秀氏提供）．分布：南西諸島，ハワイ．主軸は明瞭，茎は基部でやや扁圧し頂端へ向かうとしだいに丸くなり，枝はやや疎に互生的に分岐し絡み合う．茎の下部は幅 2〜3 mm になり，枝の頂端より頂毛を生じ房状を形成する．胞子嚢は不明とされていたが，その後ハワイ産で報告されている．

カイノリ *Chondracanthus intermedius* (Suringar) Hommersand.（紅）(M.K.)．
⑪⑫沖縄島南部（2018 年 2 月），被覆性の紅藻で舟をこぐ櫂に似る．波の穏やかな所からやや荒い所で，初冬〜初夏にかけて繁茂．多年生．分布：北海道〜九州、朝鮮半島：⑬中央の褐藻はヒジキ幼体

ナミイワタケ *Tylotus lichenoides* Okamura（紅）　分布：本州太平洋岸南部，九州，南西諸島．体はやや平面で叉状分岐して重なり合い，下面から乳頭状突起を出して着く．葉部先端は鈍円．体色は暗紫色．大きさ 2 cm〜4 cm：⑭裏面に柱状突起と仮根がみえる．⑮は⑭の裏面の拡大．嘉手納町地先，水深 1.4m で 2000 年 4 月採集：⑯今帰仁村古宇利島地先，水深 1.5m で 2012 年 1 月撮影

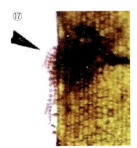

ジャバラノリ *Leveillea jungermannioides* (Matens et Hering) Harvey（紅）
⑰　アミジグサ（幅 2 mm）の側面に着生．体は細い円柱状で微小，先端尖．分布：本州中南部，九州，琉球列島，マレー半島，豪州，インド洋

A Story of Common Seaweeds of Okinawa

TOMA Takeshi

Borderink 2019
ISBN978-4-89982-371-1 C0045

まえがき

サンゴ礁の植物たちを通してみえること

当真 武

　華やかな陸の植物と比べてみると、沖縄のサンゴ海域に生育する植物「海藻・海草」は、これまであまり光が当てられてきませんでした。最近、養殖に成功したオキナワモズク（すぬい）、海ぶどう（クビレズタ）、あーさ（ヒトエグサ）の話題がマスコミにものぼるようになりましたが、それらが、海中でどのような生活しているか、という視点で紹介されることは、ほんとんどありません。

　春先の沿岸を彩る海藻の多くは、夏になると視界から消えます。しかし、それらは完全に枯死したのではなく、自然環境の変化に適応して姿を変えて生きています。自然界の循環に対応して生きる海中の植物の世界を覗いてみると、不思議に満ちています。

　亜熱帯に属する沖縄は、夏には強い陽射し、冬には強い風や波にさらされる厳しい気候になります。そのような環境の下で、沖縄の海藻・海草は、驚くようなユニークな方法で生き残っています。

　本書は、日ごろ沖縄の海岸で目にする主な海藻と海草の特長を、専門的な知識を加えてできるだけ分かりやすく紹介します。

　海の植物の海藻・海草は、いったん海底や干上がる飛沫帯に固着すると自ら動きません。その動かない状態はその一帯の環境をよく反映しています。言い換えると、そこの生育環境を体現しているのです。そこで本書で新しい試みとして、日ごろ目立たない海の植物を目じるし（指標）にして、沿岸の生育環境が読みとれることを紹介します。そして、サンゴ礁の植物たち「海藻・海草」の姿をとおして、生物の不思議さ、自然環境の大切さについて言及しました。

　本書が、多くの方々に「海藻・海草」を身近に感じ、興味をもつ機会になったらうれしく思います。

1

目 次

口絵　海藻・海草図集

まえがき　サンゴ礁の植物たちを通してみえること　1

序章　沖縄の海藻・海草を取り巻く環境と基本事項　5

はじめに／海藻と海草の違い／海藻の特長／海草の特長／基本事項の解説／潮間帯と好適生育場／琉球列島の気候／サンゴ礁の生物環境を支配する卓越風／卓越風と沖縄島の島軸の傾きの関係／生活環と生活史／接合と受精、卵／減数分裂／植物の指標性について

第Ⅰ章　沖縄に生育する主な海藻　17

緑藻類

ヒトエグサ　18　特長／生活環／あーさの養殖／干上がる場所が好適生育場

アナアオサ　22　特長／生活環／アオサ類の異常繁殖

ボウアオノリ　25　特長／生活環

クビレズタ　27　特長／生活環／クビレズタの故郷は深い海？／養殖調査で分かった好適生育場／生長を鈍化させた要因／養殖の現状とグリーンキャビアづくりの可能性／イ　ワズタの仲間は自ら移動する／クビレズタは意外にタフ／変化に富むイワズタ科の形

褐藻類

オキナワモズク　39　特長／オキナワモズクとモズクは違う？／生活環／養殖が盛んになるまで／中間育苗法の開発／海の栄養塩はどこから供給されるか／大量生産へ導いたもう一つの発見／礁池の栄養塩はどこから供給されるか／藻体は揺れて生長する／夏場に大量種苗保存する方法の発見／オキナワモズクは休眠する？／生活環からはみ出る同化糸のはたらき

モズク　57　特長／生活環／体の全てを生殖細胞化させる方法

ヒジキ 61 特長／生活環／九州以北産ヒジキと沖縄産ヒジキは違う？／生育地の特長／生育帯になる条件／生育帯に押し寄せる波／生育地が3か所に制限されている理由／生育帯の幅を決める要因／生育地の地形改変によるヒジキ帯の減少／生育量／季節的消長の観察記録／発芽期の様子の概略／〈補足：今後に期待すること〉

紅藻類

クビレオゴノリ 89 特長／生活環／〈オゴノリの仲間〉

イバラノリ 92 特長／生活環／〈イバラノリの仲間〉

キリンサイ 95 特長

カタメンキリンサイ 96 特長

イワノリ類 97 特長／季節的消長／生活環／沖縄島西海岸に偏在している理由／沖縄島北部に多産する理由／備瀬崎にイワノリ類が生育していない理由／恩納村万座毛崖下の飛沫帯にイワノリ類が少ない理由／小さな個体のまま過ごすノイワノリ類／金武湾奥部にイワノリ帯が出現した理由／導いた結論／沿岸地形の改変で出現した飛沫帯にイワノリ類が着生

ハナフノリ 110 特長／季節的消長／ハナフノリの耐乾燥性はイワノリ類より高い／沖縄島のイワノリとハナフノリが薄く混生する理由／海藻植生で沿岸の環境を推測する（応用）

海藻類のまとめ 114

第Ⅱ章　沖縄に生育する全ての海草と海草モ場 117

「海草」とは 118 海草の種類／海草モ場

コアマモ	120	ウミジグサ	121
マツバウミジグサ	122	ベニアマモ	123
リュウキュウアマモ	125	ボウバアマモ	126
リュウキュウスガモ	127	ウミショウブ	129
ウミヒルモ	131	トゲウミヒルモ	132
オオウミヒルモ	133	ホソウミヒルモ	134

海草モ場から環境を読み解く　135

漂砂の移動を制限する要因—島地形と季節風の関係 136

礁縁から汀線に向かう波高の減衰と海草モ場の関係 138

海草モ場の掘削と修復 140　海草モ場を航空写真から読みとる 142

沖縄本島の海草モ場と面積 144　消失させた金武湾の海草モ場は自然回復するか 145

各地の海草モ場 146　沖縄島の海草モ場 148　久米島の海草モ場と主な種類 149

宮古島・伊良部島の海草モ場と主な種類 150　石垣島と西表島の海草モ場と種類 151

海草モ場の構成種から地先の環境を読むことは可能か 153

埋め立てにより消滅した海草モ場を他所で人工造成できるか？　154

おわりに　158　参考文献　159　協力/写真・標本提供　164　索引　165

コラム 1　アオサの方言名「うゎーあーさ」の由来　25
コラム 2　海藻の好適生育する位置を簡単に知る方法　49
コラム 3　サンゴ片の孔は海藻胞子の住み家　55
コラム 4　佐敷干潟のポケット浜と絶滅危惧種トカゲハゼ 74
コラム 5　卵、不動胞子の不思議な動き　76
コラム 6　ヒジキの葉の形　77
コラム 7　荒場に生えるヒメハモク　88
コラム 8　冬季季節風とイワノリ類の着生　109
コラム 9　漂着した大量のアカモク　115
コラム 10　造礁サンゴの形と海藻の形　116
コラム 11　ジュゴンの餌はザングサ　152
コラム 12　コアマモとマツバウミジグサの耐乾燥性　152
コラム 13　植物画　156

序章

沖縄の海藻・海草を
取り巻く環境と基本事項

はじめに

　沖縄の海は、琉球列島の西側を沿うように北上する黒潮の影響で熱帯的な環境となり、島じまの周囲はサンゴ礁で縁取られています（図1）。干潮時の浅瀬にはサンゴ礁が半ば陸地のように出現します。そこは"イノー"（礁池）と呼ばれ、人々は古より魚介藻類を採取し、憩いの場としてきました（図2）。四方を海に囲まれて生活している沖縄は、生活の場としてサンゴ礁の海を利用して、たくさん恩恵を賦与されてきました。

　私たちは、その気になれば誰でも、サンゴ礁の海で多種多様な生物が生活している様子を、直接、あるいは水中メガネを片手に容易に観察することができます。それはサンゴ礁域に住む者の強みです。干潮時のイノーは、動植物の生活を直接観察し、安全に学習することができる自然環境です。

　そんな環境のなかで、一見すると見過ごしてしまう、みなさんになかなか気がついてもらえない生物がいます。それが本書の主役である海藻・海草です。

　海岸の岩場や浅瀬の海中に生えている海藻・海草は、陸上の植物と比べて様々な点で違いが見られますが、その生態のユニークさには驚くものがあります。

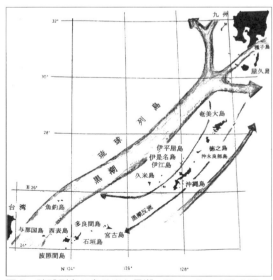

図1　琉球列島の島じまと黒潮　Stomml and Yoshida 1972に加筆

　海藻・海草は、いったん海底に固着すると自らは動くことはないので、あまり目立ちません。しかしゆらゆら揺れている海藻・海草は、その一生や生活環境に焦点をあてると、面白くて不思議に満ちています。

　しかし陸上の植物と同じように、光合成を行い、すべてのサンゴ礁生物の生命を支えていますが、そのことに関心を示す人はほとんどいません。

　海藻・海草は、はるか昔か

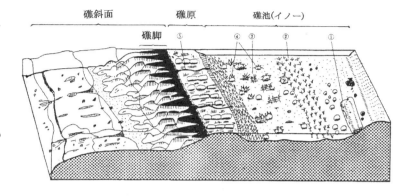

図2 サンゴ礁の地形―代表的な堡礁の模式図（諸喜田 1988 に加筆）
①干瀬（ビーチロック） ②海草帯 ③砂地 ④造礁サンゴ ⑤水路（くち）

ら暮らしのなかで活用されてきました。食用はもとより、豚の飼料や畑の肥料として使われたり、「オキナワモズク（すぬい）」「クビレズタ（海ぶどう）」のように、沖縄で養殖技術が開発されて沖縄の産業になったものもあります。

　そこで本書では、約40年にわたり沖縄の海藻・海草について調査・研究に従事してきた経験を活かして、沖縄の海に生育する海藻・海草のことを、できるだけ分かりやすく紹介します。浅瀬でよく目にするヒトエグサ（あーさ）、クビレズタ、オキナワモズクやオゴノリ、イワノリ類（紫菜・しせー）などや、特異な分布を示すヒジキについて詳しく説明します。沖縄諸島、先島諸島に周年生育するコアマモ、ウミジグサ、マツバウミジグサ、ウミショウブなどの海草全12種をとりあげます。それらの生態を沖縄の島地形、気象条件を含めた生育環境から眺めると、たいへん興味深い世界がみえてきます。

　本書は、一般になじみのない海藻・海草の世界へいざなうために、できるだけ分かりやすく解説していきます。さらにより深く理解していただくために、専門用語を交えます。新しい用語は随時、簡単に説明します。少しわずらしく感じる多くの用語、植物名は、そのうち覚えるようになります。海藻・海草にまつわる話題のコラムをたくさん用意しました。

海藻と海草の違い

　海藻・海草とはどのような生物でしょうか。**両者とも「かいそう」と読みますが、区別するために「海草」を「うみくさ」と呼ぶよう勧められています。**海藻と海草には、図3のように明瞭な違いがあります。

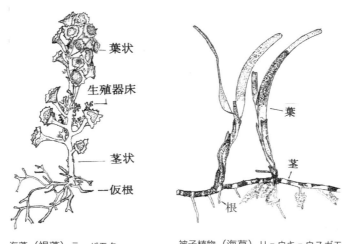

海藻（褐藻）ラッパモク　　　　被子植物（海草）リュウキュウスガモ

図3　海藻と海草の相違

海藻の特長

　じつは海藻には葉、茎、根の区別はありません。一見、陸上植物の根のように見えますが、それは岩などに付着するための形状にすぎません。したがってそれぞれ葉状、茎状、根状とすべきですが、本書では便宜上、葉、茎、根と称します。海藻は体全体で海水に溶けた栄養塩を吸収します。藻類には維管束がないので、栄養や水分は、体の中の細胞から細胞へだんだんに運ばれていきます。**[栄養塩]** とは、リン酸塩・硝酸塩・亜硝酸塩などの総称です。

　藻類は、大ざっぱに緑藻類、褐藻類、紅藻類に大別されます。3つの藻類のグループの具体的な特長の違いは、光合成を行う葉緑体の内に含まれる色素によります。藻には淡水藻と海藻がありますが、本書は海藻を紹介します。

　緑藻類とは、緑色をした藻類のことです。光合成を行う葉緑体の内に含まれる色素はクロロフル（葉緑素）主体なので緑色にみえます。緑藻には淡水藻と

8　序章　沖縄の海藻・海草を取り巻く環境と基本事項

海藻があります。アオサ、ヒトエグサ、アオノリ、クビレズタ、ミル（ぴる）などがよく知られている緑藻です。陸上の植物は、緑藻から進化したと考えられています。**褐藻類**は、褐色をした藻類です。葉緑体の内にクロロフィル（葉緑素）の他、フコキサンチン（褐藻素）とよばれる赤褐色の色素が多く含まれて黄褐色や黒褐色にみえます。ほとんどが海産で、ヒジキ、コンブ、ホンダワラ類などがあります。**紅藻類**は、紅色をした藻類の総称です。葉緑体の内にクロロフィル（葉緑素）の他、フィコエリトリン（紅藻素）を含むので紅色・紫色を呈します。大部分が海産で、ツクシアマノリ、ハナフノリ、オゴノリ、キリンサイなどがあります。

　琉球列島に生育する海藻の種類は 484 種類（内訳　緑藻約 136 種、褐藻約 84 種、紅藻約 264 種）とされています（香村・久場 1986）。その後、明らかにされた種を加えると、沖縄諸島と先島諸島に約 400 種を優に超える種が生育していると推測されます。本書で紹介するタマミル（緑）、ジュウタンシオグサ（緑）、リュウキュウズタ（緑）、チュラシマモク（褐）、ウミボッス（褐）、カイノリ（紅）は新たに加わる 5 種です。亜熱帯・熱帯性に温帯性の種類が混じっていて、紅藻類が多い特徴があります。形は変化に富み多彩。その多くは単年生ですが、なかには越年するのもあります。

　ヒトエグサ、アオサなどは初冬から初夏にかけて緑や褐色の帯状で海岸を彩ります。日差しが強くなる夏になると、アオサ類を除いてその大部分が消失します。しかしそれは視界からは消えただけで、枯死したのではありません。じつは顕微鏡的な大きさになり姿を変えて夏を過ごし、水温が下がる秋口をまって発芽してきます。海藻は子孫を確実に残すため、その一生のうちに少しややこしい仕組みを取り入れているのです。

　海藻は有性生殖と無性生殖で増えます。[有性生殖] とは、雌雄の配偶子の接合、あるいは受精によって増えること。有性生殖のうち、人間をはじめ多くの生物で行われているのは受精による生殖活動です。**[無性生殖]** とは、細胞の融合を伴わないすべての生殖法です。**栄養繁殖**（栄養生殖ともいう）、**単為生殖**などが含まれます。分かりやすい栄養繁殖の例としては、海藻は台風などにより岩から剥離されても枯死することなく、浮いて漂いながら成長していく「流れ藻」があります。

海草の特長

　海草は高等植物なので、海藻と異なり、葉、茎、根、地下茎といった組織をもち、それぞれ陸上植物と同じ機能を果たしています。したがって葉は光合成で有機物を合成し、根は海水中の栄養塩を取りこんでいます。体は海水中にあるので葉の表面を通して必要な栄養を吸収します。栄養分を体内中に運ぶ維管束（いかんそく）が発達しています。花を咲かせ実を結ぶ有性生殖と栄養繁殖で増えていきます。海藻と同じく台風など強い波が押し寄せる環境下で体から千切れた片方から生長を始め元の大きさになる栄養繁殖は、植物がもつ合理的な繁殖方法です。

　沖縄にはリュウキュウスガモ、ベニアマモなど12種が生育し、そのほとんどが熱帯性で、群生すると**[海草モ場]**（海草藻場、あるいはモ場）と呼ばれる生育帯を形成します。それは小さな生物の産卵場、保育場となり、ジュゴンのような大型動物のエサ場、隠れ場になります。**[モ場]**とは、ふつうホンダワラ類が密生しているところ。「海草モ場」とは海草が密生しているところをさし、アオサ類が密生しているところを「アオサ場」と呼ぶことがあります。

　陸上の生物は海から陸に進出した生物の子孫ですが、一部は新たな生育場所をもとめて、海へ戻りました。**海藻の一部は進化して陸上植物になりましたが、さらにその一部は再び海へ帰りました。それが海草です。**約4億5千年前に起こったできごとのようです。ちなみに現在は海に住むクジラは、もともとは陸に住むカバに近い動物、ジュゴンはゾウに近い動物だったそうです。海草とクジラが同じように海へ出戻りした生き物とは面白いですね。

図4　ホンダワラ藻場（国頭村安田）、チュラシマモクで構成

図5　海草モ場（渡名喜島）、主にリュウキュウスガモで構成

基本事項の解説

本書は、みなさんを日頃なじみの少ない海藻・海草の世界に親しんでいただくように、できるだけ分かりやすく解説しますが、より理解を深めるために専門用語を交えて解説しています。用語に関しては随時説明します。まず、海藻・海草に関する基本的な生育環境ついて概説します。

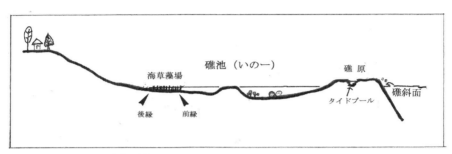

図6　一般的なサンゴ礁の断面

潮間帯と好適生育場

一般的に水温は、海藻・海草の水平分布（横への広がり）を制限し、光合成に必要な光は、垂直的な分布、すなわち生育深度（縦への広がり）を制限するといわれています。[光合成] とは、光エネルギーを用いて、植物が二酸化炭素（CO_2）と水（H_2O）から炭水化物（CH_2O）と酸素（O_2）を産する反応で、化学式 $CO_2 + H_2O \rightarrow CH_2O + O_2$ で表わします。したがって海の植物は光が届く範囲に生育しています。

多くの海藻・海草は、潮間帯（ちょうかんたい）とやや浅い場所に生育しています。[潮間帯] とは、おおむね「満潮線と干潮線の海水面の間」のことです。満潮時の海水面を満潮線、干潮時の海水面を干潮線といいます。

潮間帯の生育環境は、潮の干満によりしばしば露出し、乾燥、強い日照り、降雨などにより激しく変わります。潮間帯を垂直的に区分して見る方法に色々ありますが、ここでは潮間帯上部、潮間帯中部、潮間帯下部に分わけて説明します。また潮間帯のさらに下部は潮下帯（漸深帯（ぜんしんたい）、海面下）、上部を飛沫帯（潮上帯、飛沫（ひまつ）がかかるところ）と称します（図7）。

波のやや静かな潮間帯上部には、ヒトエグサ（あーさ）、アオサが普通に生

11

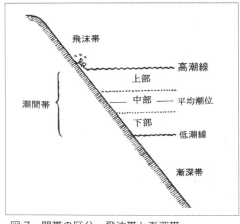

図7 間帯の区分、飛沫帯と漸深帯

えています。ヒジキは同じ潮間帯上部でも波がやや荒い岩礁に生えています。潮間帯の上位の飛沫帯（潮上帯）は、乾燥と降雨にさらされる厳しい環境ですが、波の強さ、岩場の湿り気、乾燥の度合いにより、イワノリ帯とハナフノリ帯が明瞭に住み分けています。多くの種類、例えばオキナワモズク、オゴノリ、キリンサイなどは穏やかな流れのある潮間帯中部に生育しています。それぞれの海藻はいわば指定席のようにそれぞれの居場所を占めています。

海藻・海草の生育状態を見ると、それぞれの厳しい環境に適応して好適生育場を選択しているようにみえます。**[好適生育場]** とは、自然環境の中である生物が他の生物と競争し獲得した、生存を可能にする条件がそろっている場所のことです。海藻の生育場所を見ることにより、それぞれの生存戦略を推測することがで可能です。

琉球列島の気候

琉球列島は東アジア季節風帯に属し、高温多湿で多雨、そして台風がしばしば来襲する地域です。沖縄諸島、先島諸島は黒潮の反流域に位置し（図1）、南北に細長く連なる琉球列島の島じまの平均水温はそれぞれ違います（図8）。

黒潮本流の真中に位置する与那国島の冬場の水温は他の島じ

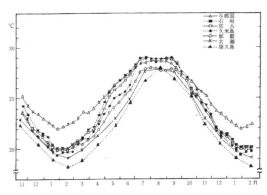

図8 琉球列島各地における沿岸水温の月別変化
（長崎海洋気象台資料をもとに作成、西島（1986）による）

まより際立って高めです。黒潮本流域と反流域が相まって、その影響は広い範囲に及び、海藻・海草の生育環境に大きな影響を及ぼし、特徴的な生育環境をつくります。

サンゴ生物の環境を支配する卓越風

　風の吹き出しによって沿岸へ打ち寄せる波の作用は、生物の生育環境を支配する主な要因になります。風の方向と強さ、そして島の地形が、海の植物の生育環境に多大な影響を及ぼしています。

　海藻の多くは一年生で、秋口から初夏にかけて生えてきます。したがって特に冬季の季節風の影響を留意すればよいのですが、多年生の海草は、周年の風向を考慮する必要があります。

　沖縄では、冬季の大陸高気圧の張り出しで派生する卓越風があります。[卓越風]とは、ある地域のある時期に最も強くかつ頻繁に観測される風向の風のこと。冬季の卓越風は、九州で西風、沖縄諸島で北東風、先島諸島では東風に変わります。卓越風は吹送流、つまり風によって生じる潮の流れを伴います。

　沖縄島の風の10 m/秒以上の生起回数頻度で見ると、NNW~E（北北西から東）にかけての風が全生起回数の76%を占め、偏北風の出現率が高い（図9）。夏季の季節風の風向は南西に変わり、風力は冬季より弱めです。

　波高調査によると、湾部は南岸ほど直進波の来襲が多い（津嘉山1968）。

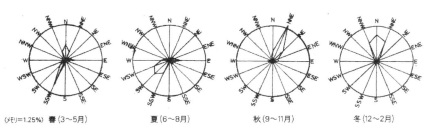

図9　沖縄島の風速10 m/秒以上の生起回数（1971~1978）　沖縄気象台資料から作成

卓越風と沖縄島の島軸の傾きの関係

　沖縄島は、地軸（島の中心軸）に対して島軸が東にほぼ45度傾いています（図10）。その地形的な特長と冬季の北東季節風の影響を重ね合わせてみると、沖縄島自体が冬季の北東季節風の影響を防御(ぼうぎょ)して、東海岸域は波風が静穏になり、海がおだやかになる面積が広いと理解できます。

　つまり冬期に沖縄島に向かって吹いてくる厳しい北東風の影響は、沖縄島が45度、東に傾いていることで、東側の沿岸では弱まるわけです。このことは風によっておこる波の強さに影響して、海藻・海草の分布に重大な影響を及ばしています。その関係性で見ると、これから述べるヒジキ、イワノリ、ハナフノリと海草モ場はすぐれた植物指標性を示すことが分かります。海草モ場については第Ⅱ章で紹介します。

図10　沖縄島のほぼ45度傾いた島軸と冬季の季節風の主な風向

生活環と生活史

　海藻・海草の複雑な生態を理解するには、「生活環」と「生活史」を見ることが大切です。

　[生活環] とは、個体が形態学的および細胞学的に種々な変化を経て成熟し、次の世代生殖細胞をつくって死ぬ過程、つまり生き物の一生を環状・サークルで示したものです。主に細胞核にまつわる室内実験で明らかにされた過程で「生活史」の一部です。それは複雑に見えますが、いくつかのパターンで成り立っています（図11）。

　[生活史] とは、生命体の一生を表わす用語。主に実験で分かった生活環に、海中（あるいは陸上）で生活している実態を含めると、おおまかな生活史になり

ます。しかし生物が実際どのように自然の中で過ごしているかという生活史の全貌を明らかにすることは容易ではありません。伊藤（1977）は、生活史を種が自然で生存競争に勝ち抜く戦略であるという立場で捉える必要があると述べています。なお、わが国では生活環と生活史を同義的に扱われているので理解しにくい面があります。

　生活環は、一見、難しいようにみえますが、「生活環とは大体こういうものなんだな」と知ることで海藻の理解は深まります。本書では、それぞれの海藻の特長を分かりやすく解説していきますが、生活環、生活史をある程度理解できるようになると、より深く海藻のユニークさ、おもしろさを身近に感じることができます。

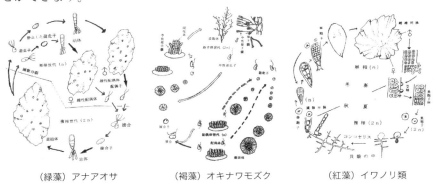

（緑藻）アナアオサ　　　（褐藻）オキナワモズク　　　（紅藻）イワノリ類

図11　代表的な3つの生活環

接合と受精、卵

　ヒトエグサ、アオサ、オキナワモズクなどの生殖細胞の配偶子は雌雄の大きさが同じで、自ら動くことができます。配偶子の雌雄が同じ大きさの場合の融合を**[接合]**と表現します。

　一方、ヒジキを含むホンダワラ科の配偶子は片方が大きくて動きません。動物の大部分が皆このパターンで生殖行動を行っています。この大きくて動かない配偶子のこ

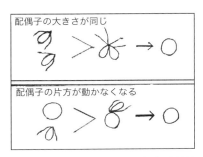

図12　（上）配偶子の接合　（下）配偶子の受精　（石川2002）を一部改変

15

と［卵］と呼び、その卵と配偶子の融合を［受精］として区別されています（図12）。**細胞の核相が接合（受精）している復相を（2ｎ）で、接合していない単相を（ｎ）で表します。**

減数分裂

　生活環を見ると、必ず「**減数分裂**」の用語に出会います。細胞の中心となるものは核です。植物でも、動物でも、また菌類でも、生きている細胞はみな核をもっています。接合子は、染色体を核の中にもつ複相（2ｎ）です。ひとつの種において染色体数は一定なので、受精で結合する場合、生活環のどこかで半分にして単相（ｎ）の核をつくらなければなりません。それが減数分裂です。

植物の指標性について

　海藻・海草は、海中・飛沫帯を問わず固着して生活しているので、どのような場所で生活しているにしても、その場の固有の環境の影響を強く受けています。植物はその環境で生活し、種族維持を行うのですが、植物と環境とは互いに影響を及ぼし合う一種の系とみなせます（「日本大百科全書・ジャポニカ」）。そこで「動かない」という特性は、生育環境との関係を解析するにきわめて都合の良い材料になります。つまり海藻・海草をツール（道具）にして沿岸の生育環境を推測することが可能です。

　厳しい環境になる沖縄の飛沫帯・潮間帯上位の海藻帯は、温帯域と比べて単純で分かりやすい特徴をもっています。例えば、海の環境を調べるために個々の波の衝撃を見積もる波浪計測器がありますが、それは短期間の状態を表しています。一方、海の植物が沿岸の環境を読み取る指標性をもつとしたら、それはその周辺の環境を長期的に反映した状態を表していることになります。それは、その地先（「沿岸からみえる程度のおき」（『三省堂国語辞典』2001）を見るより確かな指標になります。

　ある地域の局部的な環境条件の評価をある種類の植物で行うとき、その植物を「指標植物」といいます。本書で海藻・海草をツール（道具）にして沿岸の生育環境を推測する方法について事例をあげて順次紹介します。

第Ⅰ章

沖縄に生育する主な海藻

ヒトエグサ
アナアオサ
ボウアオノリ
クビレズタ
オキナワモズク
モズク
ヒジキ
クビレオゴノリ
イバラノリ
キリンサイ
カタメンキリンサイ
ツクシアマノリ
マルバアマノリ
ハナフノリ

● 緑藻類

ヒトエグサ (ヒトエグサ属)「ヒトエグサ科」

学名　*Monostroma nitidum*

和名　ヒトエグサ

地方名　あーさ　漢字名：一重草。体の一層の構造に由来

分布　世界各地

特長

　食用藻。体は1層の細胞からなる薄い緑色の膜状、約15 cmの大きさになります。内湾の河口域や波が穏やかな場所の潮間帯に普通に生育し、1日にほぼ2回干上がる位置に緑の帯状をつくります。3月から4月頃、海岸でみかけるようになり、あーさを採集する光景は春の風物詩です。なお、**地方名あーさは、このヒトエグサをさし、2層の細胞からなるアオサ（地方名・うゎーあーさ）のことではありません。**

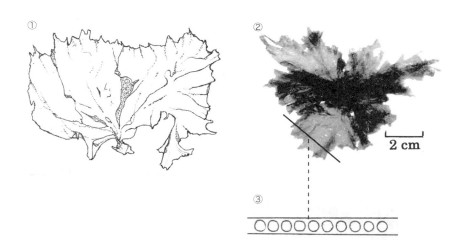

図13　ヒトエグサ　①手書図：②標本：③2層の横断面

生活環

　ヒトエグサ（あーさ）は**雌雄異株**、つまり雄と雌が別々の個体です。図14②に、単相世代の**雄性配偶体**（♂）と**雌性配偶体**（♀）を示しています。春先から目にするヒトエグサですが、**外から見ると雌雄の見分けはつきません。配偶体**（あーさの藻体）が成熟すると葉の外淵が帯状に黄色くなり、**雄・雌の配偶子**（単相：n）がそこから放出されて接合して**接合子**（複相：2n）になります。

　夏場を海底で過ごす接合子の大きさは1mm以下、秋口に接合子は**減数分裂**して**遊走子**（単相：n）が放出されます。**[遊走子]**とは、緑藻類と褐藻類で見られる無性生殖細胞で、鞭毛で泳ぎ回り、基質に着底して鞭毛を失い発芽します。葉の縁が黄色化して遊走子を出す活動は2週間ごとの潮のリズムで行われ、葉は次第に小さくなり、ついに視野から消えます。遊走子は、それぞれ雄性配偶体と雌性配偶体になります。それが春先に目にするヒトエグサ（あーさ）です。

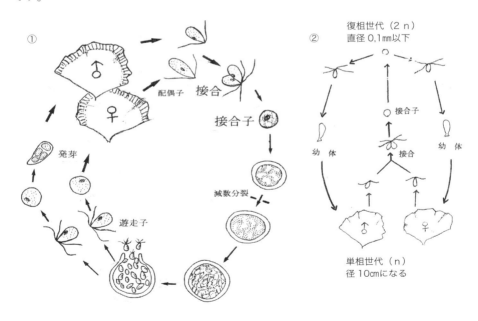

図14　①ヒトエグサの生活環　広瀬(1965)、喜田(1993)から作図:②石川(2002)を一部改変

このようにヒトエグサは、季節の変化、つまり水温の変化に応じて、姿・大きさを変えて生活しています。

　ひとつの生活環の中に、有性世代と無性世代が交互に現れる現象を［世代交代］と呼びます。別の角度から見ると、海藻は、世代交代によって夏と冬の環境にうまく適応しています。

　つまりヒトエグサは、大形の胞子体（ふつう目にする藻体）は春の最適の生活環境を活用し、夏から秋口にかけた過酷な環境では 1mm 以下の接合子となってやり過ごすという、**異なる大きさの世代交代をすることによって 2 つの環境条件に適応して生きています。このように異なった形の世代交代の場合を［異形世代交代］とよびます。**

　日ごろ目にする葉状は接合する前の単相世代（n）で大きいのですが、複相世代の接合子（2n）はとても小さい。藻体の大きさで見ると、普通、それは逆の関係にあります。

あーさの養殖

　天然産のあーさは、食用として昔から利用されてきました。沖縄で養殖が盛んになったのは 1980 年代に入ってからです。

　養殖は天然採苗で行われています。**［天然採苗］**とは、接合子から放出される遊走子を浅い海辺で養殖網に付着させる作業のことです。網を数枚重ねて浸し、海中で遊走子が付着するのを待ちます。なお「採苗」とは慣用語で実際は「胞子（遊走子）づけ」することです（ちなみに「苗」は高等植物に使う）。

　ヒトエグサの接合子は海底で夏を越し、水温の下がる秋口に遊走子を放出します。遊走子は、明るい方へ集まる習性があります。いわゆる走光性です。生産者は、そうした習性を理解し、遊走子がよく集まる場所と時期を経験的に知り採苗しているのです。

　採苗した網は、浅い海の 1 日に 2 回干上がる高さに張ります（図15）。つまりそれは地先で生育しているのと同じ高さです。ヒトエグサの生態を良く観察して養殖技術にしているのです。

　ところで、主に河口域で展開する養殖風景を見ると、ヒトエグサの葉が全体的に黄色化することがあります。それは主に降雨の少ない年に陸域から栄養塩

の流入が少ないことで生じます。逆に考えると、岸辺から見る網が鮮やかな緑で被われている景観は、その海に栄養塩が行きわたっている証しなのです（図15）。

中城湾の北中城村の養殖場で聞き取り調査を実施した際の「岸辺が人工海岸に代わってから漁場環境が以前と比べて思わしくない」という生産者の言葉が強く印象に残っています。栄養塩の循環する機能に変化が生じているようです。後述するヒジキ漁場でも似たような影響が起きています。

北中城村のヒトエグサ養殖場

図15　①ヒトエグサの養殖風景：②干潮時（2019年3月27日　北中城村）

は、閉鎖性の環境です。**[閉鎖性]** とは、海岸の波浪環境を表す用語で、湾内がかなり静穏（穏やか）な状態にあることを示しています。その養殖場は、勝連半島が冬季の北東風の影響を軽減しているので、浅い海底は灰白色を呈しています。そこに海草マコモが薄く広く生育し海草モ場を形成しています。「海草モ場」については第Ⅱ章でとりあげます。

干上がる場所が好適生育場

なぜ1日に2回干上がる過酷な環境を「あーさ」は生育場所としているのでしょうか。理由の1つ目は、耐乾燥性の強さを発揮し、体についた雑物を長い時間空気にさらして死滅させるため。2つ目は、他の種が生活しにくい場所に進出し他種と競合をさけるため。3つ目は、生息する藻食動物、例えばナガウニからの食害を防ぐため、と考えられています。

乾燥に強いという特性は、種が悠久の時間をかけて獲得したものです。後述のアオサ、ヒジキ、イワノリ類、ハナフノリも耐乾燥性を示します。

アナアオサ （アオサ属）「アオサ科」

学名　*Ulva pertusa*
和名　アナアオサ
地方名　うゎーあーさ（うゎー＝豚の意）。和名のアナアオサは、葉に穴が開いているのに由来
分布　日本各地、世界各地

特長

　アオサ類は分類の難しい種類のひとつで、変異に富み、広く世界中に分布しています。あーさ（ヒトエグサ）と似ていますが、体は細胞2層で厚く、巾が広く30cm以上になり、不規則に裂けやすく、体中に大小無数の穴があいています。**沿岸で最も繁茂している緑藻で、強い耐乾燥性をもち、有性生殖と栄養繁殖で盛んに増えます。**浅い水深から潮間帯上位にかけて広く生育して、アオサ類の中でもっとも量的に多い。かつては豚の餌や畑の肥料に広く利用されていましたが、現在、ほとんど使用されていません。外国ではシー・レタス（海の野菜）として食用されている地域があります。

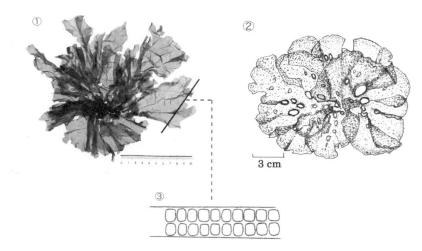

図16　アナアオサ　①標本：②手書図：③2層の横断面

22　第1章　沖縄に生育する主な海藻

生活環

　生活環は、図17の下方にみえる複相世代（2n）と上半分の単相世代（n）を繰り返します。特徴的に、**複相世代の造胞体（2n）と単相世代の雌性配偶体（n）と雄性配偶体（n）は同じ葉状で、見わけがつきません。つまり3つの同じ形が同時に存在しています。**複相世代（2n）と単相世代（n）が同じ形の**同型世代交代**を行います。

　葉状の**造胞体**（2n）は、減数分裂して**遊走子**（n）を放出し、発生して、それぞれ**雄性配偶体**（n）と**雌性配偶体**（n）のアナアオサになります。アナアオサが周年見られるのは、この繰り返しによります。[造胞体]とは、無性生殖細胞を生じる藻体（＝胞子体）のこと。配偶体の対語。

　成熟した雌・雄配偶体（n）からそれぞれ**雌配偶子**と**雌性配偶子**が放出され、接合して**接合子**（2n）になり、その後、幼体をへて造胞体に生長します。[**配偶子**]とは、有性生殖のための生殖細胞で、鞭毛をもち泳ぎ回り、雌雄があり、接合あるいは受精します。特徴的に緑藻の胞子の鞭毛の長さは同じ。

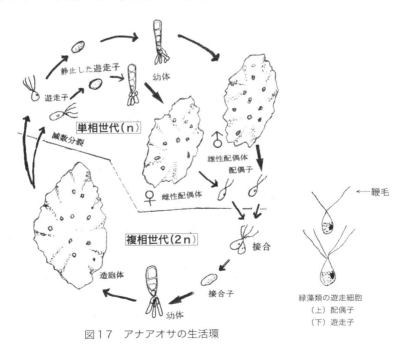

図17　アナアオサの生活環

アナアオサは有性生殖と無性生殖を繰り返していますが、その他にもうひとつの性質をもっています。藻体をちぎって陸上タンクで回転培養すると、**栄養繁殖**により盛んに増えます。

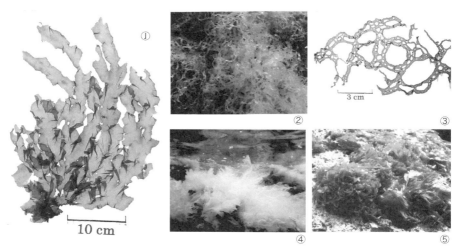

図18　アオサの仲間　①リボンアオサ、縁辺に細かい鋸歯がある：②③アミアオサ、網目状になる：④アオサの一種：⑤ボタンアオサ、半球状になり群生

アオサ類の異常繁殖

近年、アオサ類の異常繁殖した状態を見る機会が増えています（図19）。その主な原因は沿岸の埋立てにより海岸地形が改変されて生じる潮流循環の停滞です。アオサが異常発生した一帯は富栄養化を象徴しています。**［富栄養化］**とは、水域において窒素やリンなどの栄養塩が多量に供給されることです。

図19　①異常に堆積したアオサ類（金武湾奥）：②繁茂するアオサ類（豊見城市豊崎2015年3月）

24　第1章　沖縄に生育する主な海藻

ボウアオノリ <small>（アオサ属）「アオサ科」</small>

学名　*Ulva intestinalis*
地方名　あおのり
分布　日本各地、世界各地
　　　＊最近、アオノリ属はアオサ属に吸収された

特長

　体は、緑色の円柱状で、茎にあたる部分は中空、長さは約 15cm になります。海水と淡水がまざる汽水域で生育する傾向があり、磯の香りが高く、ふりかけの原材料になります。

生活環

　アナアオサと同様、有性生殖する世代（配偶体）と無性生殖する世代（造胞体）を繰り返す、単相世代と複相世代の配偶体と造胞体の形が同じ**同型世代交代**を行います（図は省略）。アオノリの仲間にヒラアオノリ、タレツアオノリ（ホソエダアオノリ）、アオノリがありますが、いずれも体は中空です。タレツアオノリは広塩性で、汽水域に生育する傾向があります。

　[広塩性] とは、塩分濃度に対して適応範囲が広いということです。普通の海

コラム1　アオサの方言名「うゎーあーさ」の由来

　1992 年、琉球大学の比嘉辰雄教授（有機化学）を団長にして数名で海藻資源調査を目的に中国福建省を旅行したことがあります。その地で沖縄方言の "うゎー" が「豚」の意だと知りました。広大なアモイ大学構内にある学生食堂の裏手には大きな "うゎーふーる"（豚舎）もありました。それから「うゎーあーさ」が「豚の餌のアオサ」の意だと分かります。その他 "まやー" が（猫）、"つふぁーら（一腹）" が満腹の意と知りました。沖縄方言のルーツの多くが福建省にあると聞き及んでいたが、現地で見聞してそれらの由来を知り、少し安堵したのを覚えてます。

　さらに 2007 年ベトナムのホー・チミン国際空港の売店で、同行の玉城章一氏が絵入りラベルに "goya（ごーやー）" と記された瓶詰の製品を見つけた。彼は農産物を手広く扱う会社経営者なので直ぐそれが目に入ったようです。それぞれに琉球王国の交易時代の名残を直に感じたものです。

水（約35‰ 千分率）から18‰あるいはそれ以下の塩分濃度の汽水まで耐えられる種です（対語は「狭塩性」）。

2017年、中城湾内で大量繁殖して話題になりました。

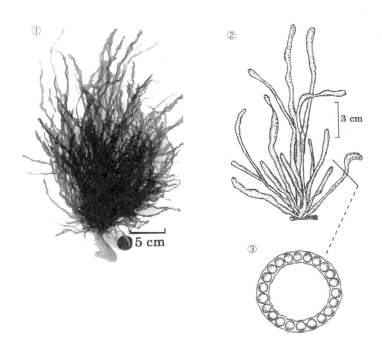

図20　ボウアオノリ　①②サンゴ片につく：③横断面．

図21　アオノリの仲間　①ヒラアオノリ：②タレツアオノリ（ホソエダアオノリ）

クビレズタ （イワズタ属）「イワズタ科」

学名　*Caulerpa lentillifera*

和名　クビレズタ。葉の付け根がくびれていることに由来

地方名　（宮古）ンキャフ（ん＝苦いの意）、海ぶどう、長命草、（粟国）ンキク。
　　　　「海ぶどう」は粒状がたくさん付いている状態から名付けられた

分布　フィリピン、オーストラリア、グアム、ベトナム、パラオ、ミクロネ
　　　シア連邦チュウーク諸島（旧トラック島）、ハワイなど

特長

　海ぶどう（クビレズタ）の見かけは、根、茎、葉に分化していますが、じつは**体全体が長い管からなる1つの細胞です。**葉は多くの粒状からなり、茎は砂泥地の上を這うのに適した形となり、ところどころから葉と根が出ます。管の中は粘液で満され、縦と横の支柱があります（図22⑤）。

　イワズタ科は熱帯・亜熱帯では普通に見られる緑藻で、沖縄近海で約15種生育しています。葉の多様の形は、種を決める特長になります。その中のセンナリズタ、コハギズタ、タカノハズタ（海ごーやー）は食用になりますが、現在、ほとんど利用されていません。ちなみに1981年訪ねたフィリピン・セブ島では、大規模な野外養殖池でクビレズタとともにタカノハズタが小規模養殖されていました。

　わが国のクビレズタの新産地として、宮古島与那覇湾が報告されています（香村1964）。地元では「ンキャフ」と呼ばれていましたが、後に「海ぶどう」「長命草」の名称と併用され、さらに1985年頃から東京で「グリーンキャビア」の名称が用いられることもあるようです。

　栄養繁殖で盛んに増え、室内実験で5cmの小片から1カ月間で延べ85cm以上に伸長しました（図23）。**イワズタ科でこのように急速に生長する種は他に見られません。1日にほぼ約2cm伸びるという特長は、陸上池で養殖を展開するバックボーンになりました。**

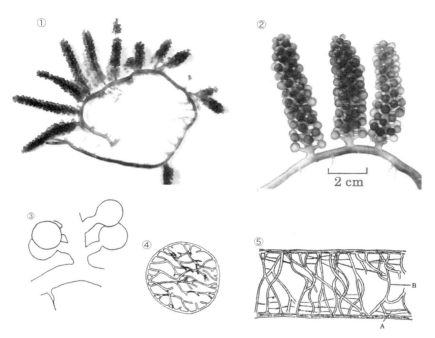

図22　クビレズタの形
　①全体：②葉と茎の拡大：③葉のくびれ：④イワズタ科の一種の茎の横断面（Abbott and Dawson 1956）：⑤イワズタ属の一種の茎の内部　A: 横の支柱　B: 縦の支柱　（Oltman1922-1923）

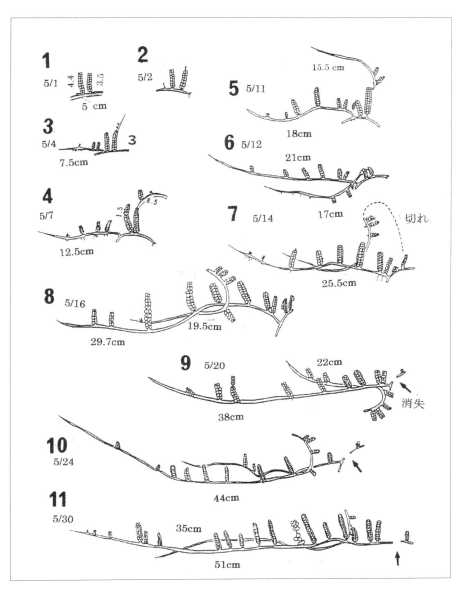

図23　クビレズタ小片から成体になる過程（栄養繁殖）

生活環

　雌雄同株。雌雄配偶子が接合し、接合子になるまで観察されていますが、それ以降は不明です。成熟すると葉の球は、原形質が凝集(ぎょうしゅう)して網目状を形成します。**[原形質]** とは、細胞から細胞膜を除いた核質と細胞質を指します。その球の上部は黄緑で雌性配偶子を、下部は濃い緑色で雄性配偶子を、それぞれ放出します（図24）。洋ナシ状の雌雄の配偶子は、突起状の放出管から放出されて接合します。雌の配偶子の方が大きいので区別しやすい。

　全体的な生活環は、同じイワイズタ科のフサイワズタ（榎本・石原 1993）、（大葉 1995）から見当がつきます。それでも全容の解明が進まないのはなぜで

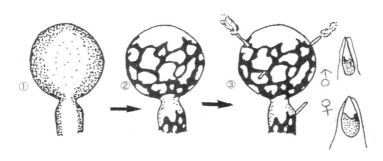

図24　クビレズタ配偶子嚢の形成過程　①普通の状態：②体全体にある葉緑体が濃緑化する部分と白色化する部分からなる網目の拡大：③網目上に管状突起を形成し、雌雄配偶子を放出。右は雌雄の配偶子を示す

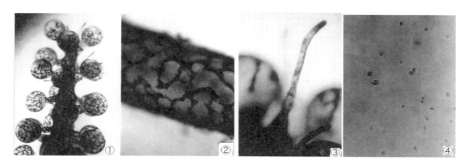

図25　①全体的に網目状を呈するクビレズタ：②網目状を呈する茎：③配偶子を放出する突起（長さ3~5mm）：④放出された配偶子

しょうか。クビレズタは栄養繁殖で勢力を増やす方向に舵を切り、有性生殖で増える機能を衰退させているのかもしれません。植物は合理化する方へと進化します（コーナー 1964）。

　自生する宮古島の与那覇湾で、冬に入り水温の急降下や干潮時に降雨に遭遇すると、葉の粒々が急に離れ落ち、細かい泥質の底に浅く埋まる様子が観察されています。その粒は春先の好適条件が到来すると発芽します。細泥に浅く身を潜めて、不適環境をやり過ごし、春先の水温上昇にともない発芽する仕組みに、多様な生き残る戦略がみてとれます。室内培養では粒から成体になるまで約 35~40 日要したが、湾内ではもっと早めに生長するようです。

クビレズタの故郷は深い海？

　クビレズタ（海ぶどう）の体色がくすんだ緑色を帯びているのは深所型緑藻の特長で、体内に緑色捕獲色素のシホナキサンチン、シオホネインを含んでいるからです。もう少し詳しく説明すると、通常植物に含まれていて光合成活動をおこなうクロロフィル a、クロロフィル b は、光があまり届かない深い海の底ではその緑色を効率的に利用できません。それを補助するのが、くすんだ緑色の正体である緑色捕獲色素で、クロロフィルへ橋渡しをします（Yokohama *et al.*1972）。この体のくすんだ緑色は、かつて生息していたのが深海であり、その古代の生活環境の名残りと考えられます。想像ですが、深所で千切れた藻体、あるいは葉の粒の数個がやや透明度の低い沿岸に流れ着き、分布を広げたのかもしれません。

　光合成速度を測定して分かったことは、クビレズタは弱い光約 3,700Lux で、オキナワモズク、モズクの 2 倍以上の速度で生長します。（晴天日の正午における太陽光は陸上で約 90,000Lux）。

養殖調査で分かった好適生育場

　クビレズタと著者とのかかわりは、1975 年ごろ与那覇湾の湾口を完全に仕切り農業用水に利用する「宮古諸島与那覇湾淡水化計画」（国庫補助事業）が持ち上がり、それに関係する事前調査に参加したことが始まりです。

　与那覇湾奥部にクビレズタが密生する状態をみて、まず海水の生育環境の分

図26　与那覇湾奥で、防虫網を敷設し、クビレズタの茎・葉が拡がりをみた状態

析を始め、生態調査へと進みました。その結果、与那覇湾は湾奥部まで細い澪筋が湾入する形状で、潮の干満による海水の換水は低く、そのため海水の透明度が低く、また琉球石灰岩からなる宮古島は河川が発達せず、湾に河川流入がないので、海藻に必要な富栄養塩は、陸上から地下水とともに流入することが判明しました。(湾の地形は図143参照)

　このようにしてクビレズタの繁茂する生育条件が、富栄養、低い照度、ゆるい流れということが分かりました。**うす暗い場所がクビレズタの「好適生育場」と判明したのです。**

生長を鈍化させた要因

　今ではよく知られているように、クビレズタ(海ぶどう)は陸上養殖で量産化されています。養殖技術は栄養繁殖で急速に生長する特性を基本に、適正照度、栄養塩類の増加、そして適度の水流を与えることで成りたっています。

　しかし最初から陸上養殖が行われたのではありません。最初は自生していた宮古島与那覇湾内で、市販のアンドンカゴ(丸カゴ)を利用する海面養殖から始まりました。当初、順調に進んだのですが(図27①②)、ところが3年目に入るとクビレズタの生長がしだいに鈍化しました。藻体の表面が細泥をかぶり、アンドンカゴにも細泥がびっしり付着するようになり、結果的に、生長不良の原因が不明のまま、沖縄県で初めて試みられた海面養殖事業は終了しました。それから20数年経過して、ようやく生長不良の原因をみつけました。

　疑問を解くヒントは「沿岸地形の改変」でした。ある日、第Ⅱ章で後述する国頭村楚洲湾の海草モ場と関係して**"地形と海草モ場の形成"**について推考していたとき、突然、未解決のまま終了した与那覇湾の海面養殖の場面が頭をよぎりました。湾口の中ほどまで拡張する漁港の防波堤造成工事の進捗にともな

図27 量産化に成功したクビレズタ
①②与那覇湾湾における海面養殖（市販のアンドンを使用）：③陸上タンクで畜養中の様子：④⑤小型タンクで試験養殖に成功（糸満市）：⑥大型陸上タンクで試験養殖に成功（旧ウナギ養殖池・今帰仁村）：⑦池から一部を取り上げた状態：⑧小型タンク群がならぶ近代的な陸上養殖施設：⑨室内養殖で網を持ち上げた状態（恩納村）

い水路（湾口）が狭隘化していく時期と、クビレズタの海面養殖を展開した時期が重なっていたことに気づいたのです。その工事が湾口の流れを弱め、クビレズタの生長不良をもたらしたと考えました。それは養殖施設のカゴの藻体の表面に微細な泥の付着量が増えていった経緯と符合していました。

養殖の現状とグリーンキャビアづくりの可能性

クビレズタの事業化は、海面養殖から陸上養殖へ移行しました。養殖技術は、照度の調整（天井の黒い膜を開閉して行う）、栄養塩、池の換水率に注意して、それに通気を管理すればよいので、比較的早く量産化に成功し、10数年間隆盛をきわめました。この数年の生産量は約450トン台で、2015年をピークに約350トン台で推移しています（数量は沖縄総合事務局（2019）の統計欄「その他の海藻類」から推測）。主な生産地は久米島町、恩納村、宮古島市です。

しかし量産化にともない海ぶどうの珍味性はしだいに薄れてきます。その事態になることは当初から予想されていました。新たな展開が求められているところに、ある企業が養殖業に参入して、海水に二酸化炭素注入の自動化を検討しているという報道がありました（「沖縄タイムス」2018年1月）。その条件に加えて、光の量と質、水温などが自動制御されると、「グリーンキャビア」（緑の粒状）を生産することが可能になるかもしれません。それには前述のように、藻体をよく伸長させた後、生育環境（水温、塩分など）が急変させると、葉の粒々が体から分離する性質を利用します。

イワズタの仲間は自ら移動する

クビレズタは低い照度を好みますが、同じ仲間のイワズタ科のセンナリズタはより高い照度を好適生育環境にしています。その2種の意外な動きを紹介します。2005年頃から沖縄本島金武湾奥部で県浄水施設増設のため埋立地造成工事（約9ha）が始まり、その進捗に伴い、湾奥部は潮流の循環が遅くなり、富栄養化された海水は薄い茶褐色をおびるようになりました。その環境下でセンナリズタの葉の上部が伸びて、葉の上面を這う状態が出現しました（図28①）。同様な環境下にあった宮古諸島伊良部島と下地島間の水路で、クビレズタが同様な状態でみつかりました（図28②）。その状態は、後に屋内のコンク

リート製池の中で再現されています。それらの挙動を見ると、いずれも照度不足の環境にイワズタの仲間は反応して、適当な明るさを求め、より住みやすい環境をもとめて自ら茎を伸ばす性質を持っているようです。

一方、比較的低い照度を好むクビレヅタも似たような行動をみせます。すなわち茎の側面から茎を伸ばします（図28③④）。この状態はクビレヅタを室内展示していた数日間に見られたものですが、そこが相対的にうす暗い環境で、クビレヅタが好むうす暗さではなかったことを示唆しています。さらに興味深いことに、比較的低い照度を好むクビレヅタは、茎の頂きから茎を伸ばします（図29①）。その状態が生育する場所がさらに不適に暗い状態が続くと、小枝（葉部）の頂端や茎から茎を明るい方へ伸ばし、ある程度の長さになるとU字状に垂れ下がり、海底に着地した後に自らもとの体と分離して新しい個体になります。つまり、**クビレヅタは自ら新しい環境に移動する特性を本質的に持っていると考えられます**。なお、KLaus（1990）によると、大西洋の熱帯産イワズタ科の一種 *Caulerpa prolifera* は管状の茎を約80cm明るい上方へ伸ばし、その後、倒れて増えます（図29②）。クビレヅタの明るさに対応して形を変える姿は、角度を変えてみると、クビレヅタが好むあいまいなうす暗さを推し測る指標になります。実際、そのシグナルは、クビレヅタ養殖を行う際、室内の黒い天幕を開閉して照度を調節する作業に応用されています（図27、28）。

図28　照度不足に反応した葉の変化（イワズタ科）葉の頂端や側面から茎を伸ばす状態
　①センナリヅタ（金武湾の奥部）：②③④はクビレヅタ：③伊良部島と下地島間の水路（1979年5月）：
　④那覇市内の室内イベントの展示会場で観察

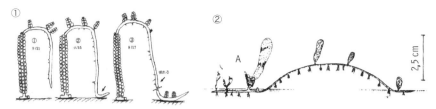

図 29　照度不足で生じるイワズタ科 2 種の移動
　①うす暗い環境下で葉の頂端から茎を伸ばし明るい方へ移動するクビレズタ：②西大西洋熱帯産イワズタ科の一種 *Caulerpa prolifera*、茎を光に向かい上へ約 80cm のびて後、倒れて着地する（Klaus　1990）

クビレズタは意外にタフ

　クビレズタは低塩分化に弱いが、高塩分化させた環境ではどうなるか、という設定で、簡単な実験をしたところ、興味深いことが分かりました。

　方法：1×2×0.5m（深さ）のコンクリート製池を使用。流水にして、栄養塩を日に数 mg 添加。海水を通気で強制循環させ、藻体をよく生長させた後、海水の注入を停止。そうすると海水は蒸発して塩分は次第に濃縮されていきます。数ヶ月後の塩分濃度は約 60‰に達しました。

　結果：藻重量はかなり減少し、茎は直径 0.5㎜以下に目立って細くなった。球形の葉の形はかなり縮小したが、その隙間からうすい緑色の新しい粒をあちこちから出し、枯死しない。予想していた以上にクビレズタはタフだった。養殖が盛んになって以降、千切れた細片が養殖施設から流出して周辺の地先や遠く離れ場所で発見されるようになったが、その背後にはこのような事情があるようです。

変化に富むイワズタ科の形

　イワズタ科の形は多様で、千成状、棒状、羽状、杯状、ヘラ状などがあります。さまざま形をしていますが、全体は 1 つの細胞からできています。このように葉（状）・茎（状）が多様に変化して環境に適応するのは、その形質が関係しているかもしれません。

37

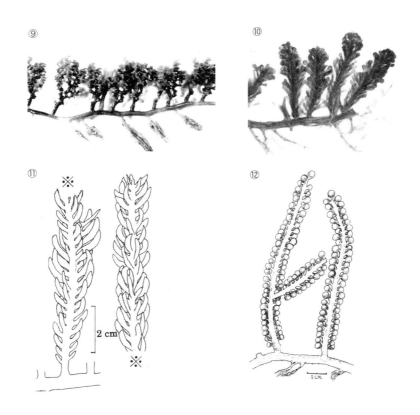

図 30　多様な形のイワヅタ科 10 種
　①センナリヅタ (大粒タイプ):②コハギヅタ:③タカノハヅタ (小枝の付け根くびれない、海ごーやー)
④タカノヅタの拡大:⑤⑥リュウキュウヅタ（2004 年 7 月　岩永洋志登氏提供）:⑦ヒメシダヅタ:⑧ヘライワヅタ:⑨ヨレヅタ:⑩スリコギヅタ:⑪センナリヅタの一種（小枝が立体的に出るタイプ ※印の上下つながる。名護市嘉陽　1982 年）:⑫クビレヅタの一種。小枝が平面的に出るタイプ（宮古島与那覇湾　1979 年）

●褐藻類

オキナワモズク (オキナワモズク属)「ナガマツモ科」

学名　*Cladosiphon okamuranus*

地方名　すぬい、すのり（酢のり）、ふともずく

　　　「モズク」は藻に着くことに由来

分布　琉球列島の特産

特長

　最大の特長は着生基質を選ばず、たいていの物、例えばサンゴ片、礫、貝殻、海草の枯れた葉の先端、露出する海草の茎、鉄筋などに着生することです。この特性が養殖を盛んにした最大の要因です。ただし、海藻のホンダワラ類には着きません。そこが本土産の「モズク」と大きく相違します。

　生産量は約2万トン、全国生産量の95%以上を占めています。貧栄養海域の黒潮流域で、主に陸域から流入してくるわずかな栄養塩と光合成活動で生長します。**モズク類のように急速に生長する褐藻は他にみあたりません。**

　枝は幅約1〜3.5 mm、平均約2.5㎜、長さ約30〜35 cmに達します。好適生育場は毎秒30〜40cmの流れと強い光があたる水深1〜3 m。流れの淀むところには生育しない。そのことから、藻体を揺らすことが急速に生長する要因だと分かります。

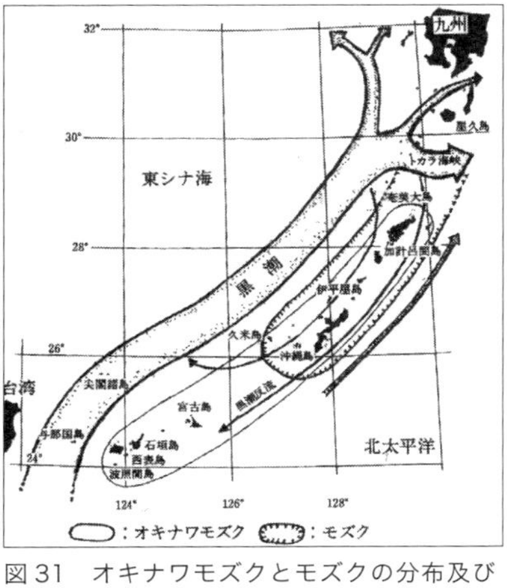

　光合成速度の測定と生産量の関係から、海中で約2000Lux以上の受光量があれば生産可能ですが、適正ゾーンは約6,000〜8,000Lux。

　藻体は粘液質に富み、細胞と細胞の間に多糖類フコイダンが充填されています。最近、それが抗ウイルス、抗ガン性が認められて、健康補助食品（サプリメント）、医薬品へ応用されています。この粘液物は、細胞壁を強化するのに役立ち、表面をヌルヌルにすることによって、藻体がこす

図31　オキナワモズクとモズクの分布及び黒潮本流と黒潮反流

れ合う際の摩擦を減らします。粘液はたえず再生されて体についた異物を落とします。粘液は炭水化物からなり、曇天が続くと光合成活動が低下するので粘液物は減少し、藻体は黒褐色になります。

図32 ①オキナワモズク（手描き）：②同化糸が粘液質で包まれた状態（名護市嘉陽　2009年5月）：③直立する藻体（名護市嘉陽　2009年5月）：④海草モ場内の海草の茎とサンゴ礫片についた状態（名護市辺野古　2007年2月）：⑤海草の茎に着いた状態（糸満市名城　2016年4月）：⑥サンゴ礫群の中で生育する状態（今帰仁村古宇利島）

40　第1章　沖縄に生育する主な海藻

オキナワモズクとモズクは違う？

　オキナワモズクは、琉球列島の特産種で「すぬい」（酢のり）と呼ばれ、はる
か昔から、イノー（礁池）で採取されて日常的に食用にされてきました。

　沖縄では「オキナワモズク」と「モズク」の２種が生育しています。市場
ではオキナワモズクは「太モズク」、モズクは「細モズク」と呼ばれています。
ただし「フトモズク」という和名をもつ種が九州以北に実在しているので注意
が必要です。両種の形は似ていますが、以下の相違があります。分類上の位置
を含めて特長を列挙してみます（表1）。モズクは次項で説明します。

表1　オキナワモズクとモズクの特長と相違

	オキナワモズク	モズク
分類の位置	オキナワモズク属「ナガマツモ科」	モズク属「モズク科」
太さ	平均約2.5mm	平均約1.3mm
有性生殖	○	○
栄養繁殖	×	○
主な発生	盤状体	糸状体
体につく粘液物	少ない	多い
他感作用	○	×
単子嚢と 中性複子嚢の形	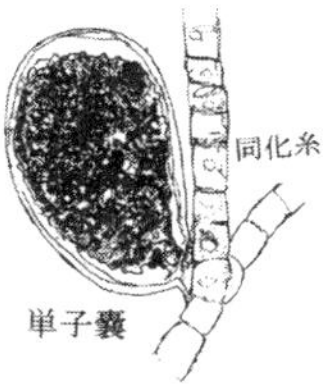 	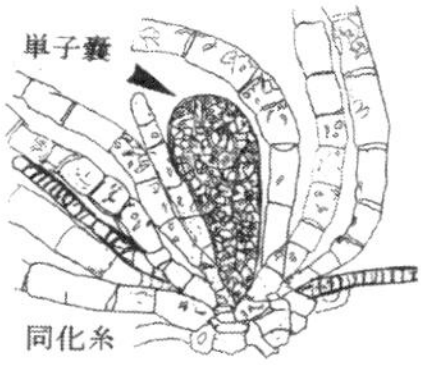 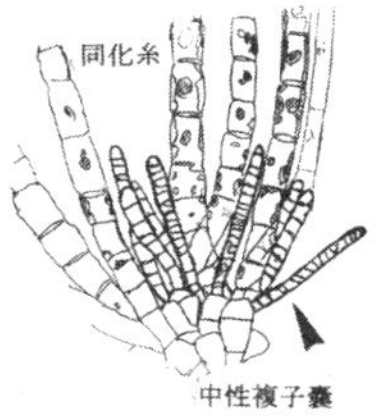
分布	琉球列島特産	沖縄島・久米島以北

41

生活環

　雌雄同株。少し複雑に見えますが、おおざっぱに夏期と冬期から初夏の２つのパターンで成り立っていることが分かります（図33）。生活環の左上半分が目で見える大きさの複相世代（2n）で、右下の灰色で囲んだ部分が、目に見えない単相世代（n）です。つまり世代で大きさ・形状が異なる**異形世代交代**を行います。

　私たちが目にするオキナワモズクの藻体は、春先から初夏にかけて繁茂する**造胞体**（＝胞子体　2n）です。その造胞体は、光合成、栄養素の吸収を盛んにおこなう無数の**同化糸**で構成されています。［同化糸］は藻体の中心部の皮層か

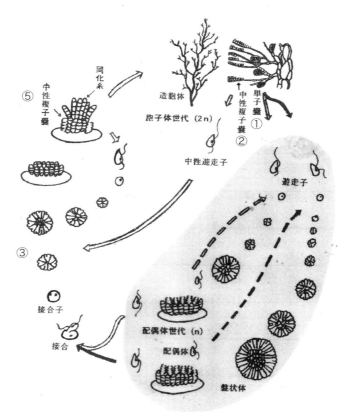

図33　オキナワモズクの生活環（新村1977ほか）をもとに作図
　　　丸囲み数字は図34と一致

ら葉緑体に富んだ細胞が糸状に連なったものです。

その同化糸の先端が膨らんで、生殖器官である**中性複子嚢**をつくります。中性複子嚢は、胞子嚢が数個あるいはそれ以上に分かれ、その中に生殖細胞が形成されます（図34②）。褐藻の生殖器官である複子嚢で形成される**遊走細胞（生殖細胞）**には配偶子と遊走子がありますが、オキナワモズクは**中性遊走子**を形成するので、**中性複子嚢**として区別されています。

中性複子嚢から中性遊走子が放出され、発生を繰り返して**円盤状**（最大0.5㎜）になり、その中央から同化糸が伸びて幼体・成体になります（図34⑤）。つまり**中性遊走子は、接合することなく直接的にオキナワモズクの藻体へ生長します。**後から説明する養殖の採苗はこの部分を利用します。

次に、夏になりオキナワモズクが目に見えない形で過ごす過程をみましょう。

水温が高くなる5月下旬から藻体（造胞体）に**単子嚢**が付き始め、しだいに増えてきます。単子嚢は、一個の細胞からできていて、大きな細胞内に多くの**遊走細胞**をつくります（図34①）。**それは厳しい夏を越して生き残るために準備された生殖器官です。**

単子嚢から放出される遊走子は約25日かけて単為発生して**盤状体**になります。**[単為発生]**とは、接合（受精）することなく単独で成体が発生する現象です。本来、雌雄の生殖細胞として出会えば「接合」するのですが、海中が高水温期の場合、中性複子嚢から放出された遊走子は、単為発生を繰り返し盤状体になります。それが図33の右下の灰色で囲んだ楕円の部分で、**配偶体世代**と呼びます。

その循環を3〜4回繰り返すと、水温が下がる秋口になります。低水温期の環境で放出される遊走子は、接合して、**接合子**になります。

この遊走子、中性遊走子から発生して盤状体になる過程は顕微鏡で容易に観察できます。

オキナワモズクは藻体約3cmで遊走子を約4千万以上放出します。遊走子は弱い負の走光性をもち、放出されるとうす暗い海底へ着生の場を求めて泳いでます。そして　海底に無数によこたわるサンゴ片に着生します。

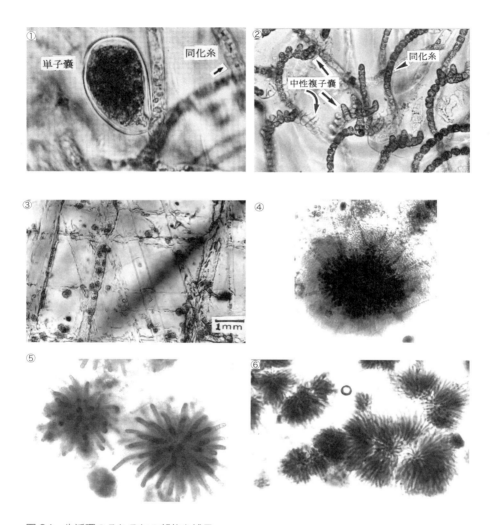

図34 生活環のそれぞれの部位を補足
　①単子嚢：②中性複子嚢と同化糸：③透明アクリル板に着生させた盤状体。約10日後の状態、付着板に縦横に走る浅い溝は紙ヤスリでつけた跡：④盤状体の中央から直立する同化糸（図33の左上の位置）：⑤幼体：⑥古いフィルム上で生長した幼体群

養殖が盛んになるまで

　オキナワモズクは1980年代に養殖技術が開発されて量産化に成功しました。現在全国で流通しているいわゆる「もずく」の生産量の9割以上を沖縄産で占めています。あまり知られていませんが、じつは本土復帰（1972）する以前から天然産オキナワモズクの生産量は約2000トンあり、沖縄は当時から最大の生産地でした。ところが形がやや太めで全国の消費者に馴染みが薄いという理由で、長い間、細いモズクの補てん材料、サブ扱いだったのです。今でこそ主役として全国的に流通しているオキナワモズクですが、その養殖技術が開発されるにはさまざまな発見と工夫がありました。そのいくつかを紹介します。

　基本的な養殖の手順は、採苗のストック→採苗→中間育成→本張り→収穫の順と進みます（図35）。採苗は、藻体をちぎってタンクに入れて数日通気する藻体採苗と、室内で培養した、いわゆるバイオ採苗を用いる方法、そしてオキナワモズクが生えている海草モ場の上に網を被せて張り、その上で絡んで伸びる成藻を利用して採苗する方法（「絡まかさー」）があります。採苗は秋口に行い

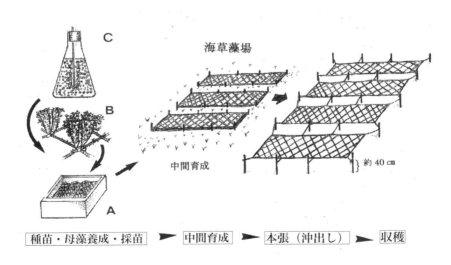

図35　養殖の手順　A: 採苗タンク＋網　B: 海草モ場上に張った網にビニール片を結び母藻を育成する　C: フリー培養の種苗（いわゆるバイオ種苗）

45

ます。

　放出される中性遊走子をタンク内に漬けた網に付けます（図36）。大切なことは、採苗は中性複子嚢から放出される中性遊走子を利用することです。理由は、**中性遊走子は、接合することなく直接、幼体に生長する**からです。

　養殖には、「中間育成」という大切な手順があります。それは数枚の網を重ねてタンクで採苗（＝胞子付け）し、その後、海草モ場の上にその網数枚をそのまま重ねて張り、そこで20〜30日かけて2、3cmの幼体に伸ばすことです。

　その後、そこより深い沖合の場所で網一枚ごと張り直し（沖出し）、そこで40日ほどたち約30cmに伸びると、収穫します（図35）。

　つけ加えると、オキナワモズク盤状体をアクリル板に密生させたまま、長めに培養すると、容器の片隅に糸くず状に絡まるものがみつかることがあります。それは糸状体です。後に、諸見里（1988）は盤状体に基質を付着させない、いわゆるフリー培養で循環させる方法を開発しました。つまり盤状基部組織は糸状体で形成していると理解してよいのです（広瀬1965）。

中間育苗法の開発

　話は前後しますが、モズク養殖を今日の成功へ導いたのは「中間育苗法」が開発されたことです。それは小規模の養殖を繰り返していた現場での発見から始まりました。

　それまで採苗後の網は、経験的に図36Aのように海底から約40cm離して張る「支柱張り法」で実施されていたが、この方法では発芽率が低く、発芽にばらつきがあり、安定した生産は期待できませんでした。

　ところがある日、現場を見回っていた漁業者の仲松弥生氏が、偶然、網と支柱を結ぶ耳ヒモがはずれて、着地した網の一部分の発芽率が高いことをみつけました（図36B）。その後、彼の取った行動がユニークで、

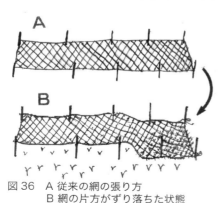

図36　A 従来の網の張り方
　　　B 網の片方がずり落ちた状態

残る支柱をすべてハンマーで打ち込むことで全網を着地させ、網全体に発芽することを確かめ、それが、これが中間育成法になりました。

ではなぜ網を海底に着地させると発芽率が高まるのでしょう？

モズクに必要な栄養塩は浅い海底からしみ出ます。その濃度はかなり薄く、化学分析機器で検出することが難しいのですが、オキナワモズクはその微妙な栄養塩に感応し、秋口、適当な水流のある海草モ場で、海草の枯れた葉の先端部でまっさきに発芽します。つまり網を直接地面に設置することによってわずかにしみ出た栄養塩をオキナワモズクは感知して、水温が低下してると発芽します。そして葉の先端部の揺れは、モ場の緩い流れの数倍の効果をもたらします。その葉の先端部に着生する藻体は波に揺らされることで、光合成活動により体についた酸素を追いはらい、栄養素と二酸化炭素を繰返し吸収し、早く生長すると考えられています。したがって、まずモ場で発芽が見られる理由は、他所より栄養塩が高く、適当な流れのある生育環境に反応している姿とみてよいのです。

海の栄養塩はどこから供給されるか

栄養塩は陸域から雨水とともに浅い海へ流入し、砂地の下の不透水層の上辺を流れて海草モ場や砂地から湧出してきます（図37）。その機能はひじょうに大切ですが、そこに関心を持つ人はほとんどいません。自然沿岸を無造作にコンクリート護岸で固めると、栄養塩の流れの自然サイクルがうまく循環しなくなり、地先の生産力は確実に低下します。何の役にも立っていないように見える自然海岸、干潟・砂地・海草モ場は、じつは人がぼんやり想像するよりはるかに重要な役割を担っているのです。

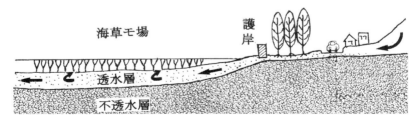

図37　陸から流入する栄養塩の流れの模式図

図38 養殖の手順 ①海草モ場の上でビニール片に生長させたオキナワモズク(採苗時の母藻に利用する):②③陸上タンクで採苗中:④海草モ場の上で中間育苗:⑤網1枚ごと張る本張り:⑥サンゴ礁のもずく畑:⑦⑧収穫の様子、海水と一緒にホースで吸いとる:⑨船上で海水をこして収穫する (写真提供 ①④須藤祐介氏、⑦平良守弘氏、⑧諸喜田茂充氏)

コラム2　海藻の好適生育する位置を簡単に知る方法

　オキナワモズクの研究は1975年頃から始まり、いろいろ手探りしながら進められてきました。当時の古い資料から、海藻の好適生育場の存在を示すよいメモがみつかりました（図39）。実験場所は恩納村屋嘉田潟原、水深約2m、水流30~40cm/秒の準開放性の水路である。結果的にそこはオキナワモズク生育に適した場所でした。恩納岳から硬い木質のフトモモ科アデク（地方名：あでぃく）を切り出し（恩納村役場の仲嶺勝氏の提案）、杭にして海底に打ち込んだところ、それに多くの海藻類が着生した（図39）。杭の上位にヒトエグサ（あーさ）、その下部にヒビミドロ、そして水面下の位置にオキナワモズクが着生し、後者は最長65cmに達した。それぞれの着生位置は変動することなく1か月以上継続しました。

　その状態は、それぞれの種が好適生育場の位置を占めているとみなしてよい。なお、着生時期が4月に始まっているのは、おそらく海中で木が枯れるまでの日数と関係しています。

　当初、養殖網を支える支柱に、まず硬く丈夫な木質を選び、ついで鉄筋の使用を思いついた。なお、鉄筋を海底に打ち込んだ実験ではオキナワモズクの長さは約80cmまで伸びた。その後、養殖網を張る支柱として、入手の容易な鉄筋が普通に使用されるようになりました。

　地先でヒトエグサ養殖を開始するなら、まず浅瀬に杭を打ち込み、それに着生する位置を把握し、そのゾーンに養殖網を張ります。

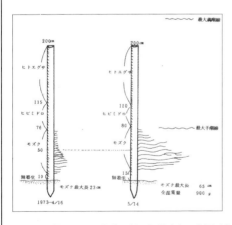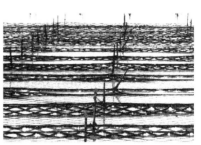

図39　杭についた海藻3種の好適生育の位置（当真ら1977）　（右）ヒトエグサ養殖場

大量生産へ導いたもう一つの発見

　南城市（旧知念村）はオキナワモズクの代表的な産地ですが、当時の漁場は岸から礁縁方向の約200mの狭い範囲に制限されていました。1980年代前半の漁場環境は、南部域の地質、島尻粘土層の灰白色の細粒子が陸域から流入して、海の透明度が低下するだけではなく、その細かい粒子は養殖網に付着して難渋していた。その対策を依頼されたのです。

　その当時、私たちは県下全域で海草モ場調査を展開していたので、それを兼ねて調査したところ、離岸距離600m付近で薄い密度で拡がる海草マツバウミジグサ帯（図45(2)④）を見つけた。それは航空写真では識別できない薄い生育密度でしたが、そこを海草モ場の前縁（沖側の縁）とすると、その位置はサンゴ礁を横断する全距離約1100mの半分に相当します。それを根拠にその海草の生育状態から海底砂の安定度を推測し、本張りする位置をその付近まで拡げる可能性について言及しました（当真 1983）。つまり礁池の中央部で薄い密度で生育するマツバウミジグサ帯から海底の砂の安定度を推測し、養殖するのに必要な支柱の安定度を推し量ったのです。

　結果的に、生産者がその付近で試験養殖をしたところ、網を支える支柱は倒

図40　サンゴ礁で展開中のオキナワモズク養殖場の景観　①短冊の中で黒い部分は繁茂している網。やや薄い部分は収穫中の網、収穫中の漁船が中央下部にみえる：②③海底で網に繁茂している状態

壊せず、藻体は波浪に耐えて良く生長することが判明しました。それを契機に養殖場は離岸距離 600m を超えて礁縁近くまで拡大されるようになり、生産量は 1984 年 200 トンから 2000 年約 4,000 トンへ飛躍的に増えました。この方法が沖縄県全域に波及して現在に至る大量生産につながった。**オキナワモズクの大量生産化は、中間育成で一定期間を海草モ場で生長させた養殖網を、やや深い漁場へ拡大することで可能になったのです。**

　このようにオキナワモズクの発芽から収穫されるまでの過程を自然界のサイクルで眺めると、現存する海草モ場、干潟、自然海岸の重要性が分かります。

礁池の栄養塩はどこから供給されるか

　沖縄島本部半島瀬底島では、礁原水中の栄養塩濃度が測定されています（Crosland 1980）。それによると海岸からリーフ斜面に向けて硝酸イオン、リン酸イオン、溶存態窒素、溶存態有機リン（いわゆる栄養塩）の水中濃度はしだいに減少していきます。それは陸から供給される栄養塩によるものと考えられます。なお栄養塩は、ほかに海底の砂泥や光合成で海草の根に蓄積されたものからも供給されています（大出・比嘉 1983）。

　モズク類の生長に必要な栄養塩は、サンゴ礁縁で開口する、いわゆるクチと呼ばれるところを通して繰り返す潮の干満により漁場全域にいきわたります。遊泳者に脅威となる離岸流（海岸の波打ち際から沖・サンゴ礁のクチに向かってできる幅の狭い強い流れのこと）も、生物生産する側から見るとイノー内の海水を拡販するたいせつな機能です。

　モズク類の大規模養殖はサンゴ礁を含む地形、豊かな太陽光、黒潮がもたらす生育環境によります。特筆されるのは、貧栄養といわれる黒潮流域において、全国モズク類の生産量 95% 以上が生産されていることです。

藻体は揺れて生長する

　網に着いた藻体は適度の流れと太陽光の下で急速に生長します。図 40 ①で、短冊の中でやや薄くみえるところが、根元から数 cm 残し刈り取った跡です。その状態から 2 週間後に再び収穫可能になります。いわゆる 2 毛作です。場所によっては 3 回収穫できます。

テレビ報道で紹介されているオキナワモズクの収穫風景を見ると、藻体は網上で常に揺れています。海中の葉の先端部の揺れは、モ場の緩い流れを数倍の効果をもたらします。**藻体を揺らすことで光合成活動で体の表面ついた酸素を追いはらい、栄養塩と二酸化炭素を繰り返し吸収し、早く生長する**と考えられています。したがって、モ場から発芽してくるのは、他所より栄養塩が高く、適当な流れのある生育環境に反応している姿とみてよい。

なお、光合成活動は同化糸で行われていますが、その細胞と細胞間は粘液質の多糖類のフコイダンで充填され同化糸間の摩擦・スレを防ぐと考えられています。その粘液物質が、健康補助剤（サプリメント）に応用されているのです。なお、曇天が続くと、その粘液物は減少し、藻体は黒褐色を呈します。

夏場に大量種苗保存する方法の発見

養殖が盛んになると、来期の種苗を夏場に大量保存する必要が生じ、その対応策をみつけるため難渋した時期がありました。そのうち、以下のような方法が見出されて、種苗を大量保存が可能になりました。

方 法

アクリル製透明タンクに海水を満たし藻体約 50 g を収容すると、しだいに藻体から色素が溶出し海水が茶褐色に変化します。そのタンク内側壁には無数

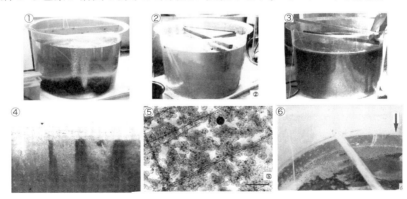

図 41　夏季にアクリル製 5 t タンクで種苗（盤状体）を大量保存する方法（当真 1979）
①と④、②と⑤、③と⑥は、それぞれ対応する。①タンクにオキナワモズクを入れて通気する：②しばらくするとタンク壁面に盤状体が着いて生長し中が見えなくなる：③壁面の盤状態は幅最大約 0.5 mm になり濃褐色を呈する：④⑤無数の盤状体⑥タンクの海水を少し抜いて、褐色の層をタンク内面からをみた状態（矢印）

の遊走子が付いて、発生を繰り返してひろがり、タンク壁面を覆います。遊走子は約25日経つと直径約0.5mm（500μ）の円盤状になり、その状態はそのまま3カ月以上維持されます。**この現象は、広いサンゴ礁で起きているサイクルを、小さなタンク内で濃密に再現されたことを意味し、画期的でより確かな種苗保存法になりました**（図41）。こうして夏場に大量の種苗保存が可能になりました。

ではなぜ種苗となる円盤状は、タンクの中で3か月以上、その状態で維持されるのでしょうか？　そのカギをにぎるのはタンクに広がった茶褐色の物質にありました。この物質が他種の侵入を阻害する他感作用（アレロパシー）を示したのです。**【他感作用】**とは、ある植物が環境中に放出する化学物質が他種植物に有害な作用をもたらすという異種間での生長阻害現象です。

その後、その物質は特定され、オクタデカテトラエン酸と判明しました（図42）。**他感作用は陸上の畑地などで知られていましたが、海からオキナワモズクの発見が世界初の快挙になりました。**

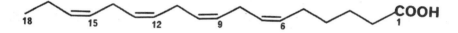

図42　オクタデカテトラエン酸（不飽和脂肪酸）：ODTAと略称する化学構造式

オキナワモズクは休眠する？

オキナワモズクについては、長い間実験を繰り返しているうちに、いろいろな経験をしました。その一例を紹介します。

顕微鏡観察に使用する藻を2Lビーカーに収容し、通気して（ガラス管から空気を流す）、窓際において、それから一部とり出して顕微鏡で見る作業を繰り返していました。その間、蒸発する分の海水を補充しながら約2週間行い、所定の実験を終了しました。ところが使用後の器具類は多忙を理由に、そのまま約3週間放置していました。その後、片付けようとしたところ、予想外の現象が起きていました。ビーカー内の壁面に厚さ約2mmの粘液に包まれた幼体がびっしり着生した状態で見つかったのです（図43）。容器内に6割程度残った海水は濃い茶色を呈して、多種が侵入していない状態、いわゆる他感作用を示

53

し、高塩分化した溶液は、普通海水の2倍弱の濃度56‰に達していました。この海水濃度を普通海水の濃度へ戻すと、幼体群から胞子が放出される。反応を見ると、粘液質に包まれたモズクは、一種の休眠状態と考えられます。**つまり高塩濃度の状態を維持すれば、オキナワモズクは幼体のまま休眠・保存できる**ことを示唆しています。

このように実験終了後、容器に残る海水を通気しながら放置していたことが幸いして、新たなモズク種苗の長期保存法が見つかったのです。

ここで特筆すべきは、培養条件を高塩分化へ誘導すると細胞を刺激し、環境ストレスが引きがねになって、細胞に大きな変化をもたらしたことです。

植物は生き残るためにいろいろな戦略(機能)を持ち合わせていることが分かります。

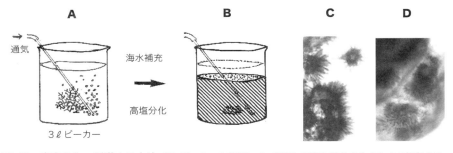

図43 高塩分化へ誘導する方法(2Lビーカーを使用) A:普通に通気し藻体を生きたまま保存する状態 B:容器の内壁面で厚い粘液質に包まれ密生する幼体群;C,D:壁面から一部はく離させた状態

生活環からはみ出る同化糸のはたらき

オキナワモズクの同化糸は、普通はその先端が膨らんで中性複子嚢となり、中性遊走子を放出します。その同化糸が別の驚くべき機能をもつことが分かりました。小さなシャーレ内で培養条件を急速に高塩分化へ誘導すると、同化糸の細胞の内容物が次第に先端へ移動して赤褐色化し、残る部分は透明化して全体的にまだら模様になります。その赤褐色化する部位で不動胞子がつくられるのです。(図44①②)。**[不動胞子]** とは、鞭毛をもたない無性生殖細胞のことです。つまり自らは動きません。

このように環境が変化しストレスがかかると、同化糸で不動胞子をつくるこ

とが分かりました。しかしそれは自然界でも行われているのか、という疑問は残ります。その後、その疑問を解くよい例が海中で見つかりました。1987年7月27日、夏の干潮時、潮がサンゴ礁外へ流出する本部町備瀬崎の水路（水深約5m、水温26〜27℃）に設置された稚子魚採集ネットに、一部赤褐色化した同化糸が大量採集されたのです。**それは高水温期に同化糸が海中で直接的に生殖細胞化することが、普通に行われていることを示しています。**

なお、その状態は、海水をいれた広口ビンに藻を数グラム収容し、家庭用冷蔵庫（約10℃）に2週間収容すると再現します。これは環境ストレスが増大すると"**変化することで生きのびる状態**"を示しています。植物の生き残るための戦略は多様です。

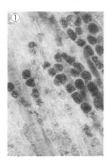
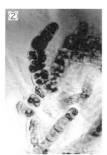

図44 高塩分化へ誘導し培養すると同化糸が不動子化する様子
①赤色化した同化糸：②中性複子嚢内で不動胞子をつくる：③サンゴ礁で引き潮時の水路に設置した幼稚仔魚採集ネットによる採集物、矢印の白い綿状は同化糸の塊り、矢頭は海草の葉片、フォルマリン漬けの標本をシャーレに収用して撮影

コラム3　サンゴ片の孔は海藻胞子の住み家

　サンゴ礁域に住む私たちは、浜辺で普通にサンゴ片を拾うことができる。その欠片は波浪で打ち上がったものだが、白い棒状をよく見ると無数の細かな孔が開いている（図45(1) ②）。孔は複雑な形をしているが、そこはイソギンチャクなどのポリプの住みかなのである。

　サンゴ片は波打ち際からやや深いところまで無数に散在するので、その孔は途方もない数で存在している。そしてそれはオキナワモズクなどの生殖細胞が着生する重要な孔でもある。

　オキナワモズクは藻体約3cmで遊走子を約4千万以上放出する。遊走子は弱い負の走光性をもち、放出されるとうす暗い海底へ着生の場を求めて泳いでいく。ところが海底に無数によこたわるサンゴ片の表面は、暖海特有の微細藻で覆われているので、そのままでは後発のオキナワモズク胞子に着生する場はない（図45(1) ①）。そこで登場するのが冬季の北東季節風で生起する漂砂（ひょうさ）である。

「漂砂」とは、海底基盤を形成している砂が波や流れで移動する現象。礫が漂砂で埋まると、側面につく微細藻は光合成できず枯死する。また、漂砂は礫表面をこすり、着いている藻を剥離させ、後発の胞子に着生する場を与える。

それがよく分かるのは、旧3月3日に行われる浜下りで採取されるモズク類やオゴノリ類がサンゴ片に付いていることである（図45(1) ④⑤）。

その他、枯れた海草の先端、露出する海草の根茎などに付着しているのも同じ理屈による。自然は合理性と不思議に満ちている。

図45(1) 藻類の着生基質
①サンゴ片の全面を覆う微細藻（渡名喜島2005年9月17日）：②浜辺に打ち上がったサンゴ片。表面に無数の孔をもつ（豊見城市豊崎 2017年6月）：③ベニアマモ主体のモ場の下部を埋め尽くす漂砂：④モ場の礫片につくオキナワモズク（糸満市北名城2015年5月）⑤サンゴ片につくユミガタオゴノリ（裏面）：⑥サンゴ礫につくクビレオゴノリ（2010年4月）

図45(2) いろいろな基質に着くオキナワモズク
①枯れた海草の先端に着いた状態（1976年1月）：②鉄筋に着生したなびく状態：③マガキガイ（巻貝：てぃらじゃー）の殻を覆う微細藻を草食魚が食み、その食み跡で発芽した藻体：④中間育成―クレモナ製網で発芽、砂地に生える海草はマツバウミジグサ（第Ⅱ章図115を参照）

56 第1章 沖縄に生育する主な海藻

モズク （モズク属）「モズク科」

学名　*Nemacystus decipiens*
地方名　細もずく、イトモズク
分布　生育の南限は沖縄島・久米島付近。先島諸島には生育していない

特長

　体は直径約1〜1.5mmで細く、長さ40cmになり、粘液質に富みます。海面の浅い場所から数mの深場まで生育しています。モズクの名称は「藻につく」に由来して、モズク類の代表格であり、約2〜3000トンの生産量は、この種で国内最大です。オキナワモズクによく似ていますが、中性複子嚢の形と着く位置が相違し、分類上は属、科とも違う位置をしめています。

　沖縄産モズクと本土産モズクは分類上では同種とされ、その相違は生育環境の違いで生じるとされています。予備的なDNA鑑定でも両者間の差異は認められていません。しかし両域の着生基質は明確に違います。**九州以北に産するモズクは、選択的にホンダワラ類に着生しますが、沖縄産はホンダワラ類には着かず、サンゴ片、露出する海草の茎などに着生します。**

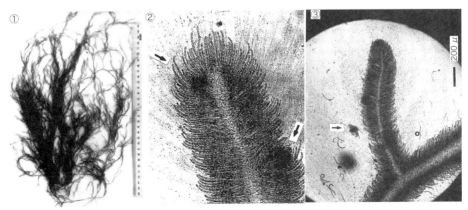

図46　①モズク（南城市［旧知念村］　1981年2月）：②若い体の縦断面、中軸から同化糸を出し密生する状態、矢印で示す位置は後に若芽になり、分離して新たな個体になる個所：③幼芽が分離した状態（矢印）

生活環

　造胞体世代（2n）と目に見えない配偶体世代（n）を繰り返す**異形世代交代**を行います。詳しい生活環はオキナワモズクとほぼ同じ循環をするので省略します。相違点をあげると、中性複子嚢の形と付く位置（表1, 図47①②）が違います。中性複子嚢から放出される胞子は糸状体をへて成体になります。さらにモズクは他感作用を持たず、有性生殖のほか、栄養繁殖で盛んに増えます。**興味深いことにオキナワモズクは栄養繁殖しない。**

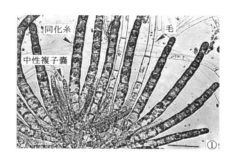

図47　モズク　①中性複子嚢：②単子嚢（渡名喜盛二氏提供）

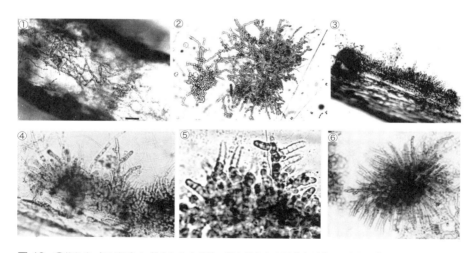

図48　①釣り糸（テグス）に着生した糸状体：②糸状体から同化糸が伸びる状態：③釣り糸の表面につけた糸状体の側面観：④糸状体の拡大：⑤胞子放出後の状態：⑥糸状体を基質から離して培養

体の全てを生殖細胞化させる方法

　オキナワモズクの同化糸は、既往の報告で知られていない現象をみせましたが、モズクも同様、生活環の概念を見直すことになるかもしれない現象を観察しました。ひじょうに驚いたことだが、**モズク小片を培養条件に普通海水から次第に高塩分化に誘導すると、体のすべてが生殖細胞化します**（図49、50）。

　"培養条件を高塩分へ誘導すると体全体が生殖細胞化する"、この現象は、既存の生活環で見ると完全にはみ出ています。この事実は "**生殖細胞の厳密な分化は起きていない**"（中村2001）ことの顕著な証しになります。

　その特性を応用すると、優良品種を作出することが容易になることを意味し、漁場で優れた個体を選抜し、クローン化して新品種を作出することが可能です。**[クローン]** は、一個の細胞あるいは個体から無性生殖によって増えた細胞群あるいは個体群なので、全く同一の遺伝子をもっています。

　この特性を応用するとモズク優良品種をつくることがて容易なります。事実、それが応用されて新たな種苗、新品種が開発されています。

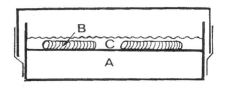 

図49　藻体を直接種苗化する方法
　（左）シャーレを利用する方法　　A: 寒天培地　B: 数 cm の藻体片　C: 滅菌海水
　（右）簡便な方法　普通の容器で海水を蒸発させて高塩分化へ誘導する

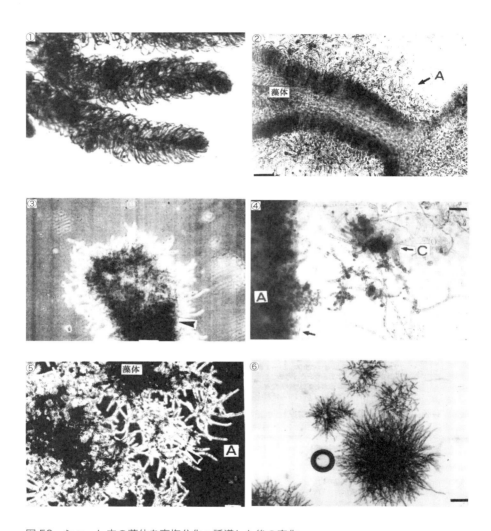

図50 シャーレ内の藻体を高塩分化へ誘導した後の変化
①寒天培地上のモズク断片；②③同化糸が変化し、生殖細胞化した状態；④藻体から無性生殖細胞が遊離する状態；⑤糸状体の拡大；⑥フラスコで回転（フリー）培養すると、多数の同化糸が丸い小球体になる

ヒジキ （ホンダワラ属）「ホンダワラ科」

学名　*Sargassam fusiforme*
和名　ヒジキ
地方名　ヒンジリモ、ユンジリモ
分布　北海道南部から九州、琉球列島、韓国、中国南部、香港。わが国の主産
　　　地は本州中部の太平洋側で温帯性。琉球列島では沖縄島のみに分布

特長

　ホンダワラ科ヒジキは、九州南端から台湾間に横たわる琉球列島の中で唯一沖縄島に生育しています。具体的な生育地は沖縄島東岸の3地域、すなわち金武湾東恩納から宇堅、うるま市勝連半島先端部の平敷屋、そして中城湾の与那原町当添です。収穫期は3月中旬から5月上旬。収穫風景は初夏の風物詩として紹介されます。

図51　ヒジキ　①直立する状態（2006年4月20日、島袋寛盛氏提供）：②干潮時の横臥する
　状態（2018年3月4日）：③藻体の拡大：④成体（乾燥）（勝連半島平敷屋産　1990年3月）

生活環

　藻体は複相 (2n)、茎と主枝ははっきり分化していない。**雌雄異株で、それぞれで減数分裂が起こり、単相 (n) が特徴的に短く退化しています** (図52)。雌性の雌性生殖器床で生殖巣ができて、そこで卵が造られ放出されます。**[雌性生殖器床]** とは、雌の生殖巣が形成される特殊な小枝のことです。

　卵は生殖器床の表面に付着し、雄性生殖器床でつくられて、泳いできた精子と受精します。なお雌性生殖器床に受精卵がたくさん付いているのを肉眼で見ることができます。受精卵は発生後1日で粘液物から離れ、海底に沈む。発芽体 (幼胚) は第一次仮根をつけていて、岩に付着するとともに第一次初期葉を形成します (須藤1951)。**[幼胚]** とは、ホンダワラ科で受精した卵が分割したもの。卵から発生した幼体は成熟期の後期にすべて流失します。ついで、比較

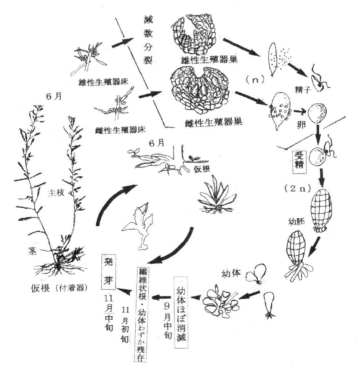

図 52　沖縄産ヒジキの基本的な生活環。生殖巣は新井 (1993) から略写

的新しく伸長した繊維状根を残して、古い繊維状根も流失していきます（新井 1993）。ここで注目されるのは、丸い小さな葉の初期葉をもつ幼体が成熟期の後期に茎と繊維状根を伸長することです。

　繊維状根由来と推測される丸い小葉（ヘラ状も含む）は湿り気を保つ澪筋の岩礁側面に 11 月頃まで生育し、そのまま 11 月上旬に成体になるとされています。その可能性は高いのですが、2017 年の調査（当真）では、岩礁の側面より先に潮間帯下位の凹みや孔から発芽し、次第に上方へ拡ることが判明しました。その幼芽の由来が澪筋に継続的に残る小葉と同じか、さらに発芽体と琉球石灰岩の穴との関わりなど解明すべき点を多く残しています。

　ヒジキの一生を見ると、過酷な夏に向かう 6 月〜8 月に広範囲に発芽して幼芽になり、その仮根から繊維状根を四方八方に拡げることで、胞子による乏しい分散力を補う生存戦略がみてとれます。同じ褐藻類のオキナワモズク・モズクの生残戦略と比べてみると、著しく相違しています。

　ヒジキに興味をもち始めた 1975 年頃、うるま市（旧具志川市）宇堅海岸で観察した際、6 月頃に大量に発芽する状態をみて、過酷な夏に向かう時期に大量に発芽する様子に壮大な無駄を感じていたものです（図 55 ①）。しかし後に生

図 53　ヒジキの幼芽　①乾燥標本：②潮間帯上位で発芽した幼体（2018 年 2 月 7 日）：③潮間帯上位で発芽した幼体：④成長した幼体（2018 年 1 月 21 日）全て当添

活環を理解して、その大量の幼芽は仮根から無数の繊維状根を出し、次世代へつなぐ大切な役割を担っていることを知りました（図55⑧）。

　One picture can be worth a thousand words という言葉があります。一枚の写真は千の言葉に優るということです。ヒジキの生態写真を生活環のそれぞれの位置にあてはめてみると、その言葉の意味が分かります。

図54　①初夏にみえる卵由来の発芽体（潮間帯中位）（うるま市宇堅　1975年6月）：②枯死期の茎と仮根からでる初期葉（1990年5月）

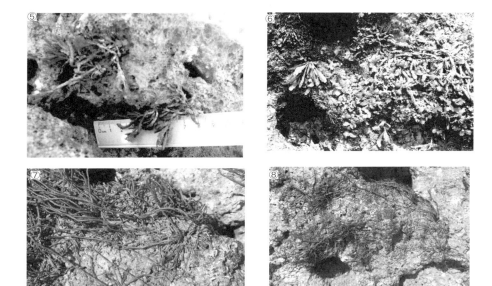

図55 ①強い日差しの下、最後まで窪みに残る数個の小さな成熟体（2017年6月25日［記号凡例］Ⓐ根、Ⓑ3~4cm台の幼体、中央部に「花」のようにみえるのは雌性生殖器床、Ⓒ被覆性の紅藻のカイノリ［スギモク科］：②雌性生殖器床（矢印）：③仮根由来の幼体：④密生する小葉群と生長した幼体：⑤弱る幼体、下部に繊維状根が多量にみえる（2017年7月23日）：⑥小さな丸い葉の幼体と一部細長く伸びた葉（2017年6月25日）：⑦枯死期の茎と仮根（2018年5月17日）：⑧枯死期、四方に伸びる繊維状根（2018年5月17日）

九州以北に産ヒジキと沖縄産ヒジキは違う？

　九州以北産ヒジキの既存報告（千原1979、瀬川1965）によると、発芽体は仮根を発達させて岩に付着するとともに初期葉を形成します。ヘラ状の幼体は主枝と仮根（繊維状根）を伸長させます。しばらくして卵から発生し成熟期の過ぎた茎と主枝は流出していきます。残った繊維状根は分岐、伸長し、小さな幼芽をそのまま持続します。それが卵、または繊維状根のいずれに由来するかは不明ですが、そのまま発芽期をむかえます。仮根（繊維状根）は数年生き残るとされています。

　沖縄産ヒジキを調べた香村（1979）によると、本土産と同様、夏季に小さな幼体0.5mm以下で過ごし、幼芽は水温が低下する12月下旬5cm内外に生長します。他方、当真（1983, 1991）は、幼体は9月中旬以降になると目視でき

なくなると報告したが、それは岩礁に割り込む澪筋の側面から潮間帯下位にかけた観察が省略されていました。

　そこで2017年6月から2018年5月にかけて、改めて夏季を中心にヒジキの消長を調べたところ、サンゴ礁性フラットでは5月から8月下旬にかけて繊維状根、小幼体が認められ、9月頃になるとそれらは視界から消えた。しかし湿り気を保持するの側面ではほぼ丸い小葉群が薄い密度で残りました。ただし、夏季に澪筋の側面に残る幼体群は、干潮時に長く露出することが関係して、やや干からびた状態にありました。既存の報告によると、その幼体群が秋口にそのまま成体に生長するとされています。しかし、その過程は継続的に観察されたことはないようです。この調査でもその詳しい経緯を確認しておりません。その理由は以下の通りです。

　予想に反し、発芽して急速に生長する状態が認められた場所は、岩礁の澪筋の側面ではなく、そこより下位に位置する岩礁のほぼ平坦な縁でした。その一帯は激しい波浪が繰り返し当たるところで、その岩礁の表面には細かい溝、穴がたくさん開いています（図74、図76①）。水温が下降する11月頃、幼芽はそこから健全な状態で立ち上がってきます。その状態は、一見すると矛盾と不思議に満ちていますが、ここで幼体が穴の中から立ち上がる状態を理屈づけしてみます。

　窪みや孔の中では波浪の強さが軽減されるとして、ある程度そこで主枝（茎）を強くした後、立ち上がるとみることは合理的です（図75④）。ヒジキの成体は激しい波に揺らされる1月から3月にかけて早いスピードで生長します。その実態と、幼芽が穴から立ち上がる状態を重ねてみると、このような波浪環境に適応した特性は、小さい幼体の頃から備わっている機能と推測されます。この観察により謎解きを試み、答えに少し近づきましたが、それをさらに科学的に解明する必要があります。

　このように九州以北産のヒジキと沖縄産間の夏季の越し方には少し違いがみられます。それをもたらす最大の要因は琉球石灰岩の着生基質、すなわち、多孔性、透水性の特性が夏の強烈な陽射や台風襲来時の環境に耐える条件を備えていることにあるとみてよい。なお、琉球石灰岩層は九州・四国では見られない南方特有の地層です（沖縄地学会）。

66　第1章　沖縄に生育する主な海藻

2017年6月から2018年8月にかけて実施した観察記録の概略は「ヒジキの季節的消長の観察記録」78〜86頁にまとめてあります。

生育地の特長

沖縄島産ヒジキの生育地はプロットすると一目瞭然です。金武湾のうるま市東恩納から宇堅、勝連半島平敷屋、そして中城湾の与那原町当添の3地域のみに生育しています。**そこは大きな湾奥部に位置し、北東に面する岩礁性の沿岸です**（図56、57、58）。ただし平敷屋は湾内ではありませんが、岸から礁縁までの距離がほぼ同じ、左前方に平安座島・宮城島が存在することから、湾内とほぼ同じ生育環境と推測しました。なおこの生育帯は全長約50mで小規模です。

図56　ランドサット写真で見る沖縄島のヒジキ生育地（沖縄県2015）　図中の数字は生育地：①南城市仲伊保：②与那原町当添：③うるま市平敷屋：④〜⑤うるま市曙〜東恩納

生育帯になる条件

ヒジキの最大の生産地は与那原町当添です。この海岸を例にして、ヒジキの生育地の特長を見ていきましょう。生育帯は広い岩礁性フラットの先縁、つまり波が繰り返しあたる縁沿いに形成されています（図57）。生育帯を垂直的に見ると、離岸距離約10〜50mの淵でストンと落ち込むサンゴ岩の地形が特長的です。**その中でヒジキの生育地は、古い琉球石灰岩からなる広い岩礁性のフラットの先端部に沿っています**（図58）。

生育帯の幅は、ほぼ海水の平均水面を上限に、平均潮位の下約60cmの間にあります。大潮の引き潮時に長く露出しますが、岩礁の湿り気は大切な条件です。生育帯になるサンゴ岩の凹んだ部分と無数の孔は、打ち寄せる波の影響で、周年にわたり湿り気が維持されています。

生育帯に押し寄せる波

　ヒジキにとって重要な生育条件は潮間帯に対して加えられる波の作用です。押し寄せる波にはどのくらいの力があるのでしょうか。波作用の頻度を大まかに見積もるには、どのような風がどれぐらいの風力で吹けば、どのような波の作用がみえるかを観測する方法があります。当添（図56、57）において干潮時にヒジキ帯に押し寄せる波のようすを、風力階級6のときに観察しました。

　当添の海岸では地形的に落ち込む段差に波が当たるとくずれ巻き波になり、岩礁斜面で波形は崩れて泡状になり、岩礁面を駆け上り、打ち寄せ波になる変化を繰り返していました。**[くずれ巻き波]** とは、波の前面のスロープを泡末

図57　①波で泡立つ生育帯—発芽期（1992年1月）、矢頭は漁港の位置：②繁茂期の干潮時の様子（1992年5月）。当添、ほぼ同じ位置で撮影

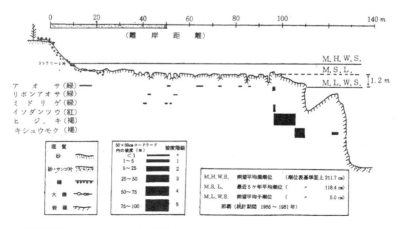

図58　当添海岸のプロファイルと海藻の被度（当真1984を加筆）。広い平面がサンゴ礁性フラット（注；2017年10月現在，岸から約40m埋め立てられて道路に代わっている）

が滝のようになって落ちる砕ける波。**[打ち寄せ波]** とは、砕けることなく浜辺に打ち寄せる波。**[砕け寄せ波]** とは、浜辺に打ち寄せる小さな波で、波の先端が垂直の段状になっている砕ける波のことです。(トレフィル 1984)。

　満潮になると、ヒジキは波で激しく揺れ海中で体を揺らすことでまんべんなく体全体に光をあて、光合成を行います(図56、57)。光合成で発生した酸素を体の周りから追い払い、海水を更新し、必要な炭酸ガスと栄養塩を吸収します(ダーリー 1982)。このように海中で揺れ動くことは、生産性を向上させる目的があります。**生育帯の形成には、この「揺らされる」という条件が大切です。**

生育地が３か所に制限されている理由

　沖縄産ヒジキは、金武湾のうるま市東恩納から宇堅、勝連半島平敷屋、そして中城湾の与那原町当添の３地域のみに生育しています。なぜこの３か所に制限されているのでしょうか(図56)。

　ヒジキの生育地は、湾奥の南に位置し、冬季に北東方向の波浪が当たる準開放性の岩礁海岸です。「準開放性」とは、海岸の波浪環境を表す用語です。**[開放性]** とは一般的に外海に開かれた環境、**[閉鎖性]** とは，主に湾内のような環境を表しています。**[準開放性]** は、その中間を表しています。

　波が激しく当たる開放性の海岸とその逆の閉鎖性の海岸にはヒジキは生えていません。その理由を地形と風向から検討してみます。

　３地域が共通していることは、そこは冬季にやや強い波浪が当たる海岸で、断面地形で見るとストンと落ちる段差を有し、波がそこで派性しやすい条件を伴っています。

　ヒジキが生えている場所と消滅した場所を地図にプロットして明らかになったことがあります(図59)。

　１つ目は、狭い範囲でみる分かりやすい例が南城市(旧知念村)知名の地先にあります(図61)。同地域は、以前ヒジキが生育していた南城市知念の海野と安座真の間に位置し、知念崎によって少し遮蔽されている準開放性の海岸です。2017年現在、知名の地先は、以前からの原形を保ち、そこにカサモク(褐)、キシュウモク(褐)、フクロノリ(褐)、ホソバナミノハナ(紅)などが健全な姿で群生しています(すべて図集に掲載)。

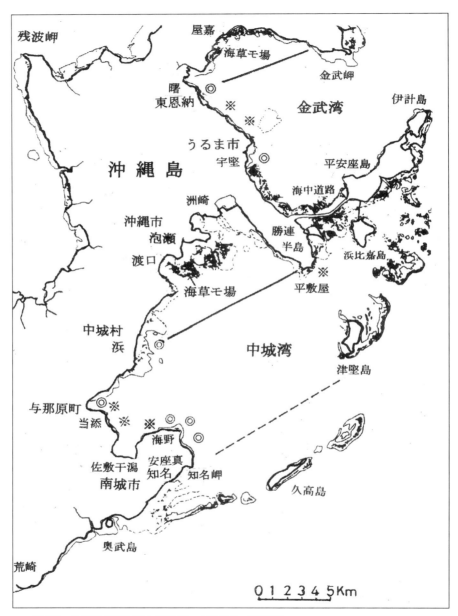

図59 ヒジキの現存地と消滅地 ※生育地 ◎消滅地

注目すべきは、知名の海岸は、もともとヒジキは生育してなかったから、現在もそこにヒジキは生育していません。
　2つ目の中城湾内の南に位置する佐敷干潟のその両突端には、ヒジキが生えていますが、そのポケット浜の奥には生育していません（図61①）。**[ポケット浜]**（ポケットビーチ）とは、岩礁海岸の岬と岬の間にあるような小規模な砂浜海岸のことです（図60）。
　どうしてこのような地先にはヒジキが生息しないのでしょうか。**その理由は、そこにヒジキの生育に適当な波が到達していないからです。**波が起こる要因として卓越風（季節により強く吹く風）の影響があります。沖縄島の風の10m/秒以上の生起回数頻度で見ると、NNW~E（北北西から東）にかけての風が全生起回数の76%を占め、偏北風の出現率が著しく高い（図9）。津嘉山（1968）によると、沖縄島の中南部海岸は北部海岸と比較して海浜勾配の緩い地域が多いことから、水深減少による波高減水の割合は中南部海岸が大きく、波高調査から湾部は南岸ほど直進波の来襲が多いとされています。また、かつてヒジキ帯を形成していた南城市板馬付近に到達する波高は、当添と同じ程度と推測されています。それは湾の南にヒジキが生えている大きな理由になります。
　このようにヒジキ生育地を冬季の北東季節風の影響、つまり偏西風の生起回数の出現率の高い条件でみる見方には妥当性があります。それらはヒジキが沖縄島東海岸沿岸の中南部に制限されている理由になります。

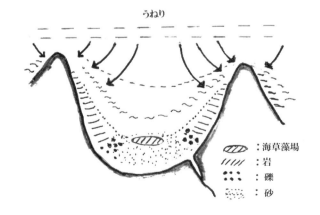

図60　ポケット浜
2つの岬に囲まれた小湾の略式図。波が岸に垂直的にあたる様子と泥、砂、海草モ場の位置。（コーナー1964他から作図）

図61 ヒジキ生育地の変遷
①ヒジキの現在の生育地と消滅地(沖縄県1994に加筆)帯状と現存する地先●:消滅した地先★:②防波堤と道路整備後の生育地の周辺2007年現在):③知名地先と知念岬(矢印)(2017年6月)

図62 当添(2017年10月22日) ①造成された大規模消波堤(矢印)の出現で静穏化した左端:②サンゴ礁性フラットの幅が狭くなった状態(石積みの護岸に注目):③ヒジキ生育場の拡大図—白波の立つ一帯

生育帯の幅を決める要因

　生育帯は、地形的にサンゴ礁性フラットの前方のゆるい斜面沿いに形成されています（図 57、58）。その斜面の端はストンと落ち込む段差になり、そこに波が繰り返しあたり、そこで派生する強い波が礁斜面を駆け上ります。その繰り返しが岩質の湿り気を与えています。

　生育帯の上限は岩礁の乾燥の度合で決まり、下限は生物的要因により決まるようです。ヒジキは常時海水に浸る位置には生育しないことから、海水につかる時間が長すぎるとストレスになる可能性があります。したがって、日ごろ目にする生育帯を好適生育場とみてよいでしょう。この生育環境を見ると、ヒジキは広塩性、耐乾燥性と推測されます。

　なお、一帯に生育する数種を耐乾燥性で見るとタレツアオノリ帯（3月頃アオサ帯に替わる）＞カイノリ帯　＞　ヒジキ帯＞キシュウモク帯の順になります。タレツアオノリ（図77①を参照）は 3 月頃アオサ帯に替わります。

　これまで述べたことを踏まえて、ヒジキ帯を形成される条件をまとめると以下のようになります。

(1)　北東に面する湾内の岩礁性沿岸、着生基質は古い琉球石灰岩。
(2)　岩礁斜面の前縁がストンと落ち込み、そこで生起する強い波が岩礁斜面へくり返しかけ上る生育環境。
(3)　岩礁の湿り気が周年にわたり保持される環境。
(4)　夏期の日中、潮位が低くなる、それに同調して、後に生育帯をつくる岩

　図 63　被覆性紅藻カイノリ　①湿り気のある所の状態（2018 年 2 月 18 日）：②湿り気の少ない所の状態、潮間帯上位（2017 年 11 月 30 日）

礁の干出時間が長くなる。
(5) 秋口、水温が低下する条件と同調して、日中の潮位が高くなり、岩礁の干出する時間が短くなる生育環境。

以上の条件を満たすところに、ヒジキの帯状は維持されています。それは沖縄本島東沿岸の中南部域に限定的に生育している理由になります。

コラム4 佐敷干潟のポケット浜と絶滅危惧種トカゲハゼ

佐敷干潟は中城湾（約220km²）の南側に位置し、北東に開口する小湾に隣接しています（図64）。そこは分布の北限のトカゲハゼ「ハゼ科」の主要な生息地として知られてます。小湾の奥はいわゆるポケット浜になり、外から寄せて来るうねりは湾口の両サイドで緩和され、そこの底質は必然的に砂泥地になります。佐敷干潟の生息環境は、島の地形と冬季の北東季節風から推測すると、はるか昔から砂泥地の底質だったといえます。そこを角度をかえてみると、その静穏な環境になる底質を貴重種トカゲハゼが好適生息場にしていることが分かります（図65）。

図64 中城湾の佐敷干潟

図65 トカゲハゼ［ハゼ科］

生育地の地形改変によるヒジキ帯の減少

それは 2004 年頃起きた出来事です。与那原町当添のヒジキ帯 3.2km のうち、約 0.8km が生育しない状態に陥っています。原因は、大がかりな埋立事業である「中城湾マリンタウンプロジェクト」（国県補助事業）により、ヒジキ帯の前面に大規模な消波堤が造成され、結果的にその一帯の波が静穏化したことに拠ります（図 61）。実はかなり以前に生育場が静穏化するとヒジキ帯に負の影響を及ぼすことは予想されていました（当真 1993）。しかし大規模消波堤は施工され、ヒジキ帯約 800 m を失いました。結果的にこの場所は、ヒジキ帯の形成には適度の波浪が必要という生育条件を大規模に立証した希有な実証例になりました。

2011 年頃になると、生育地のサンゴ性岩礁フラットの幅（最大約 140m、最小約 50m）が幅約 30 〜 50m 埋立てられ道路に変わっています。その分、岸からヒジキ生育帯までの距離が短くなり、場所によっては岸の間際まで波が打ち寄せています。その状態でヒジキの持続的生産が可能とみなされたようです。ヒジキを生産する場より、人の生活の利便性が優先されたのです。整備された道路の壁面は自然岩石を使用し、陸から流入する栄養塩を妨げないように配慮がされています（以前、中城湾開発に関する会議に出席した際、護岸は自然石で積むことを要望したことがありました）。しかし都市化が進むと漁場管理はさらに難しくなるかもしれません。ごく最近分かりましたが、道路が整備されたことで陸から流入する栄養塩が遮断された状態にあるようです（図 66 ②）。

沖縄産ヒジキの生育地は危機的状況にあると云えるほど減少しています。貴重な海藻資源の生育地の保護と持続的生産が期待されています。

生育量

生育量の多い与那原町当添でのみ生産活動が行われています。年間生産量は 20 トン前後（乾重量）で推移し、需要はかなり多い。

2019 年 4 月初旬に聞き取りしたところ、生産量は年々低下し供給不足状態のようです。その原因として、熟練した漁協婦人、漁協関係者の高齢化に伴う人手不足を挙げ、その穴を高校生らのパートで補っているという実態があり、加えて、以前よりヒジキの長さがだいぶ短くなり、生育密度が薄くなったこと

図66　与那原町当添　①収穫風景（2019年4月3日）②堅固に整備された護岸（2017年10月）

も関係していると話された。後者は、陸から流入する栄養塩の不足の影響が関係していると考えられます。ヒジキ帯に沿うように沿岸道路が整備されたことで、陸域から流入する栄養塩が遮断されている可能性があります。安定生産を図るには、漁場に施肥を検討する必要があるようです。

収穫後、水洗いし、沸いている湯で約1時間ゆでて、その後、約3日〜1週間、天日乾燥させます。しかし収穫量の減少は、水洗い後、沸いている湯で約1時間ゆでたもの（あるいは原藻のまま）を中間卸業者へ渡す流通へ変わり、結果的に、従来あった天日乾燥の工程が省略されています。生のヒジキは褐色ですが、食品化されたものは黒色です。それはヒジキに含まれているタンニン様物質が酸化によるものです（石川1969）。

コラム5　卵、不動胞子の不思議な働き

　卵のように鞭毛をもたない生殖細胞すなわち不動胞子、果胞子、四分胞子などは細胞の頭、尾の区別は外観上はっきりしないが、粘着性の物質に包まれていて基質に接触すると、走触性により、アメーバー運動を起こして、適当な場所まではっていってから固着し、発芽する（広瀬1965）。
　ヒジキの幼胚は、この頃、あらかじめ短い仮根を出し粘液とともに離れるので状況は少し異なりるが、これらの行動には驚くものがある。
　［走触性］とは、細胞がものに触れて感応し、体全体を移動させること。「走光性」の類似語。

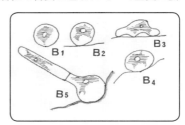

図67　不動胞子の動き

コラム6　ヒジキの葉の形

　本土産ヒジキの葉は紡錘形のものが多い。市販弁当にみるヒジキは、小枝が膨らむ気泡（浮き袋の役割をもつ。中に炭酸ガスが詰まっている）、ついで葉、茎の細片である（図68Ⓐ）。ところが沖縄産ヒジキの葉はノコギリ歯状が多い（図68ⒷⒸ）。そのギザギザの葉は高水温域で見られる特長のようである。
　既往の報告によると、本土産ヒジキとは葉と小枝は基本的に同じで、形がちがうだけである。普通、葉は体の下部に見られるヘラ形で、ヘリに小さなノコギリ刃がある。南の方では、葉が上部にもでる（瀬川1956）。また、葉の形態変化は大きく、南の地域に産するものは葉が扁圧して縁辺の鋸歯が明瞭であり、北の地域に生育するものは円柱状となっている（吉田1998）。
　その記述に興味を持ち、静岡県在住の野田三千代氏に標本提供を依頼したところ、下田産と沼津西浦産が届いた（図68ⒹⒺ）。
　両者を対比すると沼津西浦産の葉のギザギザが目立つ。気象観測データによると、下田半島の東部沿岸は親潮の影響を受け、西部沿岸は黒潮の影響を受けることから、後者の平均水温は1.5℃高いようである。葉の形は生長に伴い変化するが、西浦産に暖かい水温域の特長がみてとれる。なお、沖縄産の形は南中国沿岸・福建省北に産するものに近い（Tseng 1984）。なお、わが国で流通しているヒジキの9割は安い外国産（中国・韓国）といわれている（大房2007）。

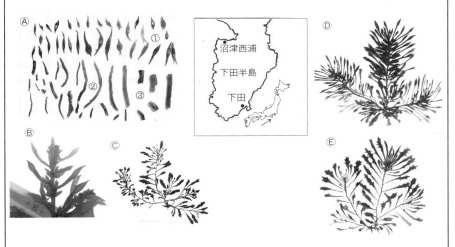

図68　Ⓐ市販の弁当にみるヒジキ細片①小枝（気泡）②葉：③茎：Ⓑ浜に打ち上がったギザギザの少ない葉、北中城村渡口（2018年5月18日）：Ⓒ鋸歯の多い幼体（当添　2017年12月30日）：静岡産ヒジキ幼体（2017年2月）Ⓓ下田産：Ⓔ沼津西浦産

季節的消長の観察記録

　2017年6月から2018年5月にかけてほぼ月に1回のペースで観察したところ、生育帯の形成には、厳しい波浪に適応して水温と潮位の変動で調整された機能をもつことが分かった。さらに解明するには継続的な調査が必要です。以下はその観察記録です。

◆**6月25日**　日中の大潮干潮時潮位：－9cm。枯死前の茎が残存し、その下部に大量の仮根を伸ばす（図69①〜③）。卵由来と推測される約10cmの幼体は生殖器床をつけている（図69①）。仮根由来と推測される無数の丸い小葉が広範囲に着生（図69④〜⑥）。丸い小葉はヘラ状をへて幼体に伸びた藻体が夏の日照りで弱る状態を観察（図69⑧）。

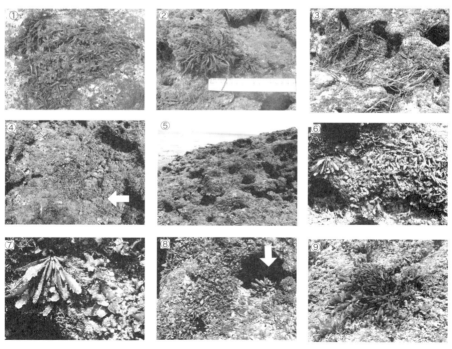

図69　①最後まで残った約9cmの幼体、生殖器托を多くつけている：②③枯死期の茎と仮根：④仮根のあつまり：⑤岩礁の斜面にはえる幼芽群：⑥⑦岩礁の側面に残る仮根由来と推測される丸い小葉群と伸びた幼芽：⑧丸い小葉群と生長した幼体：⑨日照りで弱る幼体（2017年6月25日）

78　第1章　沖縄に生育する主な海藻

◆**7月23日** 日中の大潮干潮時潮位：＋5cm。約4cmに伸びた幼体は弱る。仮根は量的に減少。繊維状仮根はうすく広範囲に残るが、次第に識別困難になる。約4cmの仮根由来の初期葉、丸い小葉は澪筋や岩の窪みでしなびた状態になり量的に減少。繊維状根は岩の窪みや平均潮位より下部の平坦な岩面にやや弱った状態で着生し、それらがあちこちに集まり塊状をなし、一部丸い小葉と混生する。

図70 ①干潮時に露出する岩礁斜面。乾燥したところは灰白色、湿り気のある所はやや黒色をそれぞれ呈し、後者で繊維状根が残る：②潮間帯下部で枯死前の幼体が残る（矢印）：③枯死前の茎と幼体：④弱る幼体：⑤丸い小葉とヘラ状の葉が残る垂直面、スケール＝15cm：⑥丸い小葉と溶解した状態の仮根：②〜⑥岩礁の垂直面で撮影（2017年7月23日）

◆**8月22日** 日中の大潮干潮時の潮位：＋19cm。繊維状根が占める面積は6月と比べて、半減する。初期葉（長さ1〜2cm）は岩の割れ目に塊状をなし密生して体の乾燥を防いでいる。その一部を取り調べたところ、仮根から直接芽を出している（図71⑥）。大潮干潮時の繊維状根は、乾燥する岩礁性フラット上でわずか残る。特に湿り気を有する凹んだ低部で多く残る。約3cmに伸びた初期葉、仮根が岩に原形のまま、あるいは溶解した状態で着生（図71①）。丸く小さな幼体が澪筋の側壁にやや多く残存する。岩礁斜面に澪筋が奥まで割り込み、湿り気をもたらしていると推測する。カイノリはサンゴ礁性フラットでほとんど消失するが、澪筋で薄い密度で残る。

図71　①融解した状態の仮根：②薄い葉の幼体：③澪の垂直面に残る半融解した状態の仮根：④は、③を拡大：①〜④澪の側面：⑤潮間帯上位の窪みの筋から採取した丸い小葉群：⑥仮根から伸びた新芽（2017年8月22日）

◆**9月18日**　日中の干潮時潮位：＋36 cm、乾いた岩礁表面に仮根、幼芽は認められない。岩礁の窪みでできた潮だまりの周辺部に横臥して、ふやけた仮根と推測されるものと丸い小葉を数個所で認める。潮間帯上位で湿り気のある場所が目立って薄い緑色をおびる。後にそれはタレツアオノリ幼体と判明。

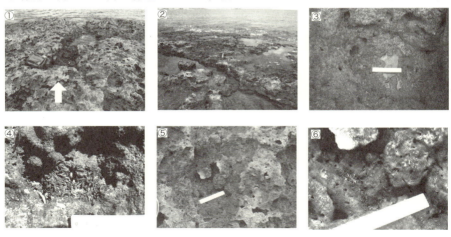

80　第1章　沖縄に生育する主な海藻

図72 ①②③大潮干潮時の礁縁で観察、白い点は置いたスケール：③サンゴ礁フラットの窪みにできた水溜まりを囲むようにみえる丸い小葉とふやけた紡錘形（仮根？）が横臥した状態でみえる：④横臥する仮根の塊：⑤保湿地にわずか残る繊維状根：⑥は⑤の拡大：⑦岩礁側面の下位残る丸い小葉：⑧澪の側面に残るしなびた幼芽：⑨茎の痕跡（2017年9月18日）

◆**9月21日**　日中の干潮時の潮位：＋42 cm、潮汐表によると、9月頃以降の日中の岩礁の干出時間はしだいに短くなる。澪筋(みねすじ)が岩礁性フラットの奥まで割り込み周辺に湿り気を与えているようだ（図73①）。岩礁性フラットの窪みの幼芽は予想より早めに消失。岩礁の下に藻食性の軟体動物イソアワモチが多く潜み（図73②）、すぐ隣の2、3の孔の奥にわずか幼芽が生えているのを見つける（矢印）。全体的に保湿性のある岩礁で幼芽は残る傾向を示す。

 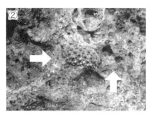 

図73 ①岩礁性フラットへ侵入する澪筋　②澪筋に生息する軟体動物イソアワモチ（矢印）すぐ隣の孔の数個所で幼芽が生育（矢印）　③平たい葉のあつまり（2017年9月21日）

◆**10月22日**　日中の干潮時の潮位：＋74 cm、台風21号の余波で現場に近づけない。10月28日、台風22号再び来襲。

◆**11月3日**　日中の干潮時の潮位：＋47 cm、岩礁が緑色をおびるのはタレツアオノリの幼体と判明。湿り気のある澪の側面で仮根があちこちに散在。同時に繊維状根由来の丸い小葉が残る（図74①②）。潮間帯下位でやや厚めの長い葉が溝に横臥し重なり残る（図74③④）。

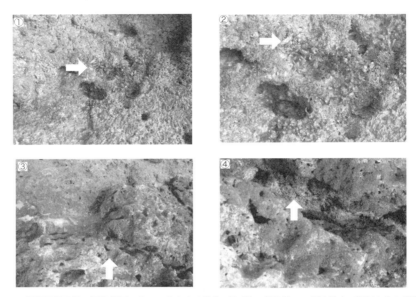

図74 ①潮間帯下位で澪筋側面の窪みで生育する幼体（矢印）：②は①の一部を拡大：③直立前の状態、横臥し重なり密生（矢印）：④は③の一部拡大、横臥し重なる細長い紡錘形（矢印）(2017年11月3日)

◆ **11月30日** 日中の干潮時の潮位：+ 62 cm。干潮位が高くなる。11月に入ると海水温は急速に低下する（図8参照）。特徴的に岩礁の斜面下部の孔や窪みで立ち上がった幼体を認める（図75③④）。幼体の大きさから、発芽の時期は11月初旬から中旬と推測。最長7 cmに伸びた個体を認める。強い波が繰り返し当たる場所で発芽していることから、波あたりが発芽を促すと推測（図75①②）。強い波浪の環境下で発芽する幼体は既に茎と仮根が発達している。

82　第1章　沖縄に生育する主な海藻

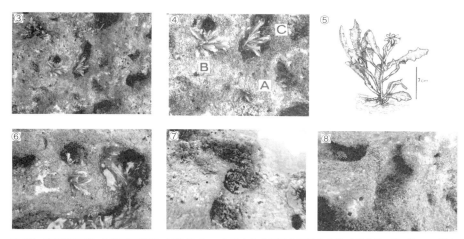

図75 ①②波の荒い先端部で発芽：③径2~4cmの孔から伸びる幼芽孔から伸びる幼体；④；③の一部拡大，A；孔から立ち上がる前の幼芽，BとC；孔から立ち上がる幼芽：⑤発芽から約2週間後の幼体、潮間帯下位よりやや上部で観察：⑥滞水する大きめ穴と窪みで生育するヒジキ：⑦わずか滞水する窪みで発芽するヒジキ：⑧滞水しない穴で紅藻カイノリのみ生育する状態（2017年11月30日）

◆ **12月30日** 日中の干潮時の潮位：＋68 cm。幼体の藻長平均10cm、最長22cmに伸びている。特徴的に潮間帯下部にある孔や窪みから伸び、発芽する岩の窪みの周辺はカイノリで覆われている（図76①）。幼体は5〜10cmに伸びたのもみられる（図76②③）。

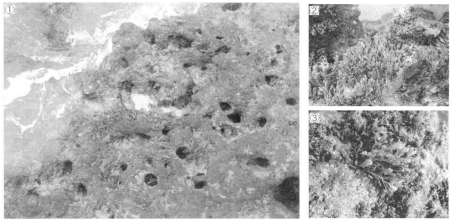

図76 ①孔から伸びる幼体。穴の周辺は全面的にカイノリが生えている：②波の荒い場所、やや平面な岩で生える幼体：③岩の側面で伸長した幼体（2017年12月30日）

◆ **2018年1月21日** 日中の干潮時の潮位：＋60cm。生育帯の輪郭がしだいに明瞭になる。岩礁フラットの大部分はタレツアオノリ帯が優占し、そこより少し下部の保湿された岩礁から斜面にかけてカイノリ帯が優占し、次いで岩礁斜面の下部はヒジキ帯になり、さらにその下部はキシュウモク帯（ホンダワラ科）へ遷移する（図77①）。波の激しく当たる場所の藻体は長く、着生量が多い傾向を認める。波の荒い潮間帯下位の孔周辺の生長が早い傾向を認める（図77①②③）。

図77 ①全体的な景観。矢印左からタレツアオノリ帯→カイノリ帯→ヒジキ帯→キシュウモク帯へ続く；②先端部の様子；③④澪筋の側面で伸びる様子；⑤サンゴ礁性フラットの窪みで伸びた幼体；⑥⑦潮間帯上位で発芽した丸みを帯び肉厚の幼体（2018年1月21日）

◆**2月18日**　日中の干潮時の潮位：＋40cm。2月に入ると日中の干潮時の潮位が+40cm以下になり、干出時間が長くなる。ヒジキ帯の輪郭がより明瞭になる。強い波があたる個所の藻長は最長で約35cmになるが、それに比べて、波当りの弱い個所の長さが短く、個体数はかなり少ない。

◆**3月4日**　日中の干潮時の潮位：＋20cm。ヒジキ帯が明瞭になり、最盛期に近い状態になる（図78③④）。潮間帯上位の窪みで散在するヒジキ（図78⑥）。サンゴ礁性フラットでは干上がる時間が長い窪みに生える藻長は短く、黒褐色をおびる（図78⑤）。タレツアオノリ帯はしだいにアオサ帯へ代わる。ヒジキ帯に隣接して敷設されたコンクリート面（約2×3m）に藻類は全く着生していないことを再確認（図78②の矢印）。数個所のコンクリート面はヒジキの着生面積を増やす目的で敷設されたものと推測。

図78　①潮間帯上部の岩礁面はカイノリが優占し、ヒジキは散在している様子。矢印はタレツアオノリ帯；②最盛期に近いヒジキ帯。右端の矢印はコンクリート面（約2×3m）：③潮間帯下部で繁茂する様子；④最盛期のヒジキ帯　⑤潮間帯下位から上位にかけた状態；⑥潮間帯上位の状態―藻体は短く、生育密度も薄い（2018年3月4日）

◆**3月20日**　日中の干潮時の潮位：+14cm。ヒジキ帯の輪郭が明瞭になり、最盛期になる。ここで注目されるのは、ヒジキ出芽の出所の位置を（図79②）で見ると、ほとんど2~5cmの穴から出芽していることが分かる。ヒジキとカイノリ帯の間で競合関係は薄いと推測。干潮時の観察によると、ヒジキは成藻

になるに従い耐乾燥性を増すと推測する。なお、ヒジキ帯とほぼ同じ位置を占めるカイノリ帯は濃紅色を呈し、そこより上部は薄い紅色を呈し、勢いも弱い。これから干潮時の岩礁の保湿性が各種の生育帯を制限している要因と推測。

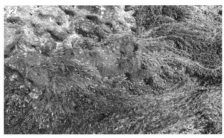

図 79　①ヒジキ最盛期：②潮間帯下部の状態（2018 年 3 月 20 日）

◆**4 月 22 日**　ほぼ最盛期になり藻長が約 50cm 以上に伸びる。
◆**5 月 17 日**　刈り取られた後の生育帯では岩の穴が目だち、ヒジキ帯の下部ではキシュウモクが帯状を形成。

　波の強さとヒジキ帯の関係を見ると、地形的に幅の狭い溝では強い波が奥まで届き、溝の全体に藻体が良好に生長する（図 80 ① C）のに比し、強い波が届かないポケット状の奥部では個体は小さく、量的にかなり少ないと分かる（図 80 ① B）。その状態は外から寄せて来るうねりが湾口の両サイドで緩和されて、奥部で静穏になる原則をよく反映している。

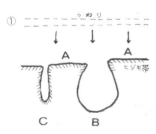

図 80　①澪筋とポケット状地形の模式図［右図の記号凡例］A ヒジキ帯、B ポケット状地形、C 狭い溝の地形：②幅の狭い澪 C の実例、奥部まで強い波が届きヒジキが全体に生育する：③同 B の実例、小さなポケット状地形では強い波が奥まで届かないので、ヒジキははわずか生育（2018 年 5 月 17 日）

発芽期の様子の概略

　ヒジキの一生を見ると、発芽から成体になる過程はまだ不明のところが多く残っています。潮間帯上位、すなわちサンゴ礁性フラットの幼体は夏に視界から消えますが、保湿が維持される澪筋の岩礁の側面上ではやや弱った状態で残ります。既存の報告によると、その小葉群がそのまま成体になるとされています。しかしその状態から成体になる経緯は本調査でも未確認のままです。**新しく分かったことは、潮間帯下位において、丸い小葉や仮根由来と推測される細長い肉厚の小葉が小さな穴や凹んだ溝に横臥して塊りで残ります。前述のように発芽はその個所、すなわち波浪が激しく打ち寄せる孔や溝からまっ先に始まりました。**その概要は以下のとおりです。

　10月中旬から12月中旬にかけて干潮時の潮位はほぼ＋50cm以上になります。それは岩礁の干出時間が短くなることを意味します。それに同調するように海水温が低下してきます（図8を参照）。その2つの条件が重なると発芽を促すようです。幼体が11月初旬から中旬にかけて、強い波が繰り返し当たる潮間帯下位の直径2~4cm台の古いサンゴ礁の孔から伸びてきます（図75①②、図76①）。強い波が繰り返し当たる厳しい環境の岩の窪みに見える小葉と、1～2cmの大きさで横臥していた紡錘形の小葉が、水温下降に伴い急に伸びて立ち上がり幼体になるようです。その後、干潮時の潮位がしだいに上昇するに従い発芽する位置（ほとんど小さな穴から出芽）、しだいに上部へ広がり、生育帯を形成します。生育帯の幅の上限をきめるのは岩礁の保湿性です。しかし岩礁の側面に残る小葉とそこより下位の穴、細い筋に残り、発芽する小葉と幼芽の関係は不明です。後で確かめる必要があります。

　〈補足：今後に期待すること〉　9月中旬までに古い藻体はすべて流失しますが、仮根（付着根）は原形を保つもの、あるいは半ば融解した状態で9月下旬まで残ります（それ以降も残る？）。仮根は周年重要な役割をもっているようです。コーナー（1964）によると、仮根に栄養分が供給されています。この状態をみると、繊維状根が直接的に生殖細胞化して孔に入り込む可能性があります。その根拠は、モズクは培養液の海水を高塩分化へ誘導すると、藻体のすべてが生殖細胞化します（当真1992,1996,本書）。紹介したように、ヒジキ漁場の岩礁の窪みで夏季の大潮干潮時、水だまりの高塩分化は普通におこっています（図72①～⑥を参照）。このように野外観察を続けると好奇心と想像は拡がっていきます。

87

コラム 7　荒場に生えるヒメハモク

　ホンダワラ科の種類は多く、その中にはコバモク、マジリモク（巻頭図集を参照）のように約 7 m になる大型種もある。ここで話題にするのは小型種で耐乾燥性のヒメハモク。本種は環境により形が大きく変化し、干潮時に干上がる場所で短くなり、常時海水に浸る場所では約 40cm なる。

　ところが波浪が激しく当たる岩場で微小になり生育している状態を見つけた。場所は伊計島の北東の岸辺、サンゴ礁表面が激しい波浪と砂礫の摩耗によりツルツルになった荒場である（図81 ②）。

　石灰岩は原型をとどめないほど摩耗し、それ自体が珍しい景観をなしている。その状態が岸から数メートル続いた端の丈の低い斜面に微小なヒメハモクが点在し、張り付いている（図81 ④）。

　琉球石灰岩の側面には無数の微妙な孔が開いている。ヒメハモクがこのような荒場で生活するには、その孔を利用しているに違いない。じつに不思議な景観である。琉球石灰岩の役割はもっと注目されてよい。

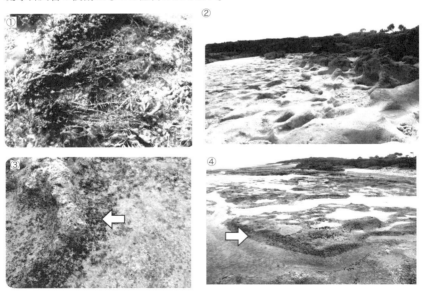

図81　①ヒメハモク「ホンダワラ科」（中城湾泡瀬 2008 年 9 月）：②波浪と砂礫で摩耗しツルツルになった琉球石灰岩：③そこでやや普通に見られる状態：④側面と平坦部とに点在（矢印）②〜④伊計島 2017 年 4 月

●紅藻類

クビレオゴノリ （オゴノリ属）［オゴノリ科］

学名　*Gracilaria blodgettii*
地方名　もーい、潮菜（すーなー）
分布　本州和歌山以南、九州西岸、琉球列島、中国、大西洋

特長

　長さ約15cmに達し、収穫期は4〜6月。かなり美味。最近海藻サラダの原材料として人気があり、高値で市販されています。イバラノリとともに沖縄島北部でよく食されている「もーい豆腐」の原料になります。

図82　クビレオゴノリ　①海中の状態：②　①と同じ個体：③果胞子体：④四分胞子体

89

生活環

　雌雄異株。収穫期の春先から初夏で同時に４つの型の藻体を見ることができます。そのうち体の滑らかい**雌性配偶体**（n）と**雄性配偶体**（n）、そして**造胞体**（＝胞子体　２n）の３つは、外見上の見分けはつきません。

　体に多数のコブをつけているのが**果胞子体**（2n）で、見分けがつきます（図83①、図84①）。

　造胞体（＝胞子体）からつくられる無性生殖細胞が**四分胞子**で、４つの胞子のうち２つは雄の配偶体に、残り２つは雌の配偶体になります（図83③）。**紅藻類では四分胞子による無性生殖が普通に行われています。**

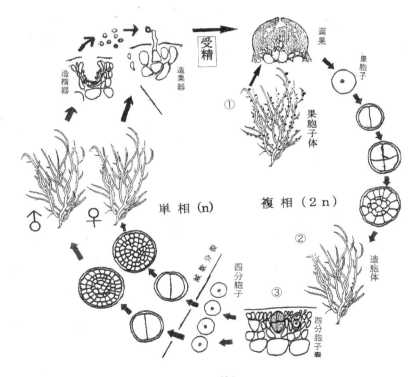

　　　図83　クビレオゴノリの生活環　嚢果：Yamamoto（1978）より略写
　　　　丸囲み数字は図84と一致する

配偶体は生殖器官を付けますが、**果胞子体**（嚢果）の中でつくられる**果胞子**には鞭毛がなく、卵は生卵器から外へ出ていきません。紅藻類の卵細胞を特に**造果器**とよびますが、一端が必ず突出して伸長して、放出された精子を受け取り受精し、果胞子体をつくります。卵（雌性配偶子）は移動力を失っていますが、配偶子の合体をこのように容易するという選択をしたと考えられています。

　造胞体から放出される無性生殖細胞である四分胞子、受精して出来る果胞体から放出される果胞子とも、球形で自ら泳ぐことはできません。そのため胞子は波に運ばれ周辺のサンゴ片や礫の孔に入りこみ、水温が上昇すると、そこから発芽しそれぞれ藻の成体になるとされています。少し複雑な生活環で見ると、その循環が大まかに理解できます。

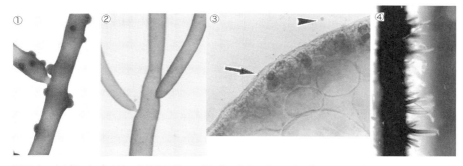

図84　クビレオゴノリ　①果胞子体の一部：②四分胞子体の一部：③四分胞子（球状・矢頭で示す）と四分胞子嚢（矢印）：④古いマグロ延縄に発芽した幼体群

＜オゴノリの仲間＞

図85　①ユミガタオゴノリ（恩納村産）：②モサオゴノリ（RT）（金武湾産）：③カタオゴノリ(TY)（石垣島産）

イバラノリ (イバラノリ属)「イバラノリ科」

学名　*Hypnea asiatica*
地方名　もーい、ぴぎーもーい（ぴぎ＝鬚の意）
分布　本州中・南部、四国、九州、琉球列島、中国、台湾、インド洋

特長

　体は叢生（茂っている状態）し、絡み合っています（図86①）。体に刺を無数につけていて、それが和名の由来です。有性生殖のほか、栄養繁殖（無性生殖）を行います。収穫時期は3〜5月、主に「もーい豆腐」の原藻になります。もーい豆腐は原藻を細かく切って煮つめて冷やし、豆腐状に切って食します。主に沖縄島北部で利用されています。

図86　①イバラノリ：②体の拡大：③小枝をつける個体：④果胞子嚢を付ける個体

生活環

クビレオゴノリとほぼ同様なサイクルです。**四分胞子嚢**は体の側面にできるスチキジアと呼ぶ小枝（0.3~5.5mm）に形成されます（図87③）。四分胞子が発生すると中央部が盛り上がり**幼体**になります（図87⑤）。**果胞子**は体につくコブ状でつくられます。**栄養体生殖**は、体が触れるところに**円盤状の付着器**（図88②③）を形成し、接着を繰り返して次第に錯綜して増えていきます。

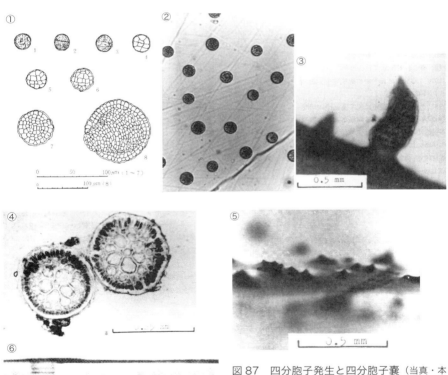

図87 四分胞子発生と四分胞子嚢（当真・本村1984）①四分胞子の発生 1：放出された胞子 2：細胞期（1日目）3：4分割して1~3日目の細胞、5：7分割が進んだ4~9日目の細胞：②放出された四分胞子嚢群ーセルロイド板上に付着：③四分胞子嚢をもつ小枝：④小枝の横断面ー四分胞子嚢は縁にできる：⑤27日目の発芽体で中央が盛り上がる：⑥寒天培地で培養開始後96日目の幼体（海中ではもっと早い）

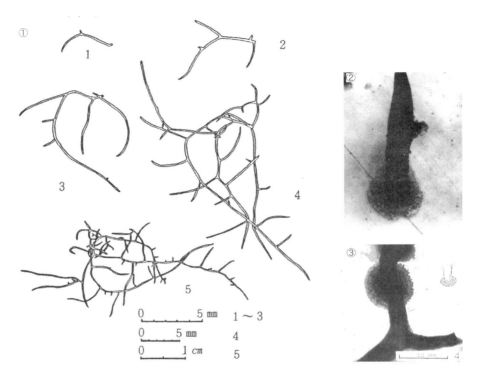

図 88 ①イバラノリの栄養体繁殖（当真・本村 1983） 1：開始時の小片、2：6 日目、3：13 日目、4：29 日目、5：35 日目、次第に錯綜する：②断片の基部で形成される付着盤：③藻の基部と接触するところで円盤状の付着器を形成する

〈イバラノリの仲間〉

図 89 ①②コケイバラ（ムラサキコケイバラ）水中で蛍光を発する（糸満市大度産）

キリンサイ (キリンサ属)「ミリン科」

学名　*Eucheuma arnoldii*
地方名　まーうる（樹状サンゴに似るの意。「まー」は真、「うる」はサンゴ）
　　　漢字：麒麟菜
分布　伊豆諸島、四国、九州、南西諸島、台湾、フィリピン、インド

特長

　体は吸盤状の付着器で着生し、少数の繊維状付着根をもつ。体は緑色をおびる円柱状。主な産地は宮古島、生産量は数トン/年と推定。高価な糊料に利用。「うる豆腐」の原藻にもなります。うる豆腐は藻体を煮詰めて固めて豆腐状に四角に切ったもので、緑色を帯びています。

図90　キリンサイ　①沖縄本島産の上面観（久保弘文氏提供）：②浜へ打ち上げられた藻体（豊見城市豊崎）

図91　キリンサイの仲間　①オオキリンサイ：②キリンサイ属の一種

カタメンキリンサイ (カタメンキリンサイ属)「ミリン科」

学名　　*Betaphycus galatinus*
地方名　チヌマタ。漢字：片面麒麟菜
分布　　九州南部、南西諸島、台湾、中国南部

特長

　体は扁平で、匍匐し横に広がり塊になります。体の側面、背面、腹面に突起があります（図92）。体は多肉な軟骨質で乾くと硬くなります。**有性生殖（四分胞子と果胞子）と栄養繁殖で増えます**。主な生産地は西表島。生産量（乾燥重量）は1973年には約40トンと急増したが、最近では平均約20トンで推移しています。潜在的な資源量は大きい。寒天に似た粘質多糖類であるカラーゲナンを抽出できる原藻で、需要が高く、食材になるほか、高級糊料、化粧品など広く利用されています。カラーゲナンは、寒天に似た粘質多糖類のことです。

図92　タメンキリンサイ　①西表島産（岸本和雄氏提供）：②沖縄島産（久保弘文氏提供）

図93　①収穫後に集荷される風景（西表島白浜）：②乾燥風景、西表島白浜（1983年）

イワノリ類 「ウシケノリ科」

地方名　しせー（紫菜）

分布　沖縄にはツクシアマノリ Porphyra yamadae（ポリフィラ属）とマルバアマノリ Pyropia suborbiculata（アマノリ属）、タネガシマアマノリ P.tanegasima（アマノリ属）の３種が報告されている

分布　ツクシアマノリ：本州、中部、九州、南西諸島 / マルバアマノリ：本州太平洋中部、九州、南西諸島

図94　イワノリ類　①②ツクシアマノリ（②玉城泉也氏提供）：③マルバアマノリ（成熟個体）

特長

　イワノリ類とは、岩場に自生する天然産ノリの総称。アマノリ属は〝紫菜〟と呼ばれ、かなり美味。沖縄島北部、慶良間諸島、久米島、伊江島で食用とされています。私たちが食べている「海苔（ノリ）」は、紅藻ウシケノリ目ウシケノリ科アマノリ属です。以前はアサクサノリという種が代表して知られていましたが、近年ではスサビノリという種が日本各地で栽培されています。**沖縄にはその種は分布していないので、いわゆるノリ栽培は行われていません。**

　沖縄島の浦添市伊奈武瀬、本部町大浜、国頭村宜名真など多くの地域で生育しているのがツクシアマノリで、うるま市石川曙に生育しているのがマルバアマノリ（玉城ら 2017）。なお本書では石川曙に生育するアルバアマノリ以外は全てイワノリ類とします。

　好適生育場は潮間帯上部、強い波があたる飛沫帯の太陽光があたる岩面で

す。飛沫帯は、長時間空中にさらされ、降雨時に低い塩分になるので、イワノリ類は、耐乾燥性で広塩性とみてよい。

なお先島諸島の生育量が少ないのは、島のサンゴ礁の幅が広いので、飛沫帯が形成されにくいからと考えられています。

季節的消長

イワノリ類は生育する基質（岩質）によってそれぞれ発芽して消滅するまでの期間が違います。

非石灰岩区では11月初旬発芽し、4、5月にピークを迎え、6月初旬消失します。生育量は最大約750 g /㎡（湿重量）に達します（図95）。葉状は3〜5 cm。

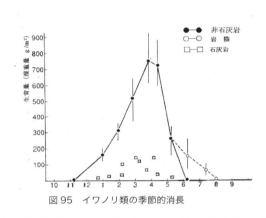

図95 イワノリ類の季節的消長

他方、琉球石灰岩域では12月下旬発芽して5月初旬にその姿が見えなくなります。生育期間が短く、生育量200 g /㎡（湿重量）以下で少なく、葉幅は約1cm〜2cmです。これは地質による湿り気の違い（乾燥度）によると考えられます。

生活環

雌雄同株。一般的なイワノリ類の生活環は図96のようになります。つまり**イワノリ類の一生は、目にする葉状体と夏の時期に顕微鏡的な糸状体で過ごす異形世代交代を行っています。**

アサクサノリなどのノリは冬から春に見られ、その他の季節はどこにいるのか分らなかったのですが、1949年にイギリスのドリュー女史（1901-1957）が、**ノリから出た胞子が糸状体になって貝殻などに穴を開けて入っている**ことを明らかにしました。このカビ状の糸状体を「**コンコセリス**」とよびます。貝殻などにもぐり込むカビ状の姿には驚くものがあります。成熟すると殻胞子をつくり、殻

胞子は発芽してノリの葉状体になります。

　日本ではこの生活環を利用して、ノリの人工採苗技術が開発され、生産量が飛躍的に伸びたという経緯があります。

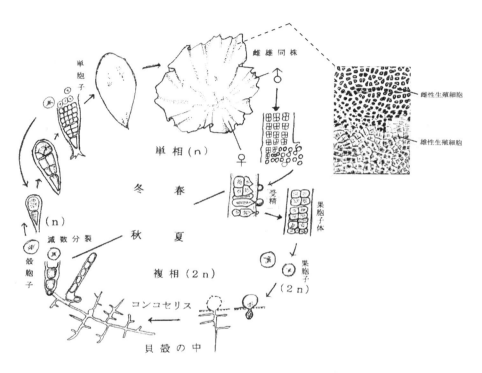

図96　基本的なイワノリ類の生活環　（右）藻体の表面観

沖縄島西海岸に偏在している理由

　イワノリ類の分布をみると、沖縄島西海岸の沿辺部に偏在しています。その理由は、沖縄島の地形的特長と冬季に卓越する北東季節風の及ぼす影響を考えると理解できます。**沖縄島の地形的特長は、島の地軸（島の中心軸）が、ほぼ45度傾いて存在していることです**。卓越する冬季の北東風にさらされる西海岸部は、必然的に飛沫帯になる割合が多い。その飛沫帯を好んで生育するのがイワノリ類です。

　ところが同じ西海岸でも図97に黒い3つの棒線を付した一帯にはイワノリ類は生育していません。それはそれぞれ南西向きに位置しているので、冬季の北東季節風の影響がうすれるからです。つまり風の勢いが弱くなり、飛沫帯が形成されにくいのです。

　他方、東沿岸部は、冬季の北東季節風の影響を沖縄島自体が遮蔽するので、飛沫帯が形成されにくいと考えられています。

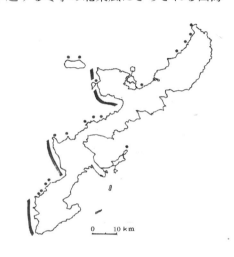

図97　イワノリ類の生育場所（●印）
　　　黒い棒線はイワノリ類が生育していない沿岸

沖縄島北部に多産する理由

　沖縄地学会（1982ほか）によると、沖縄島の地質は大きく3つに分けられます。

　1つめは、本部半島地域で、古生代〜中世代初めの石灰岩やチャートが見られます。**[チャート]** とは、堆積岩の一種でひじょうに硬く、主成分は二酸化ケイ素。

　2つめは、国頭村から読谷村にかけての地域で、おもに中世代〜新生代前半の結晶片岩・千枚岩・粘板岩・砂岩などからなります。

　3つめは、嘉手納町以南の地域で、新生代後半の新しい地層である泥岩、砂岩、石灰岩（琉球石灰岩）からなります。

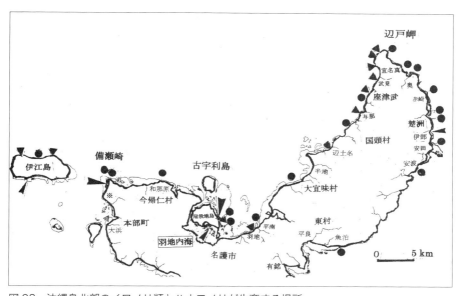

図98 沖縄島北部のイワノリ類とハナフノリが生育する場所
▼イワノリ類　●ハナフノリ　陸地に沿う点線はサンゴ礁縁．矢頭は海草モ場のある位置を示す

図99 イワノリ類の自生地—国頭村宜名真（その後方は辺戸岬）飛沫帯（同一場所で撮影1989年3月）

図100 イワノリ類が着生する場所と位置 ①〜③国頭村座津武、国道58号線沿い（1989年3月）：①水面から高い位置にイワノリ類が薄い密度で着生（矢印）：②は①の一部拡大で、セイヨウハバノリ帯：③は①の場所を模式化。図③の中の記号Ａイワノリ帯、Ｂセイヨウハバノリ帯、Ｃアオサ帯、Ｄ被覆性紅藻：④同村与那地先で帯状に着生（2017年4月）：⑤⑥波が激しくあたる読谷村残波岬ではイワノリ類は小個体のまま薄い密度で過ごす（2017年4月）

　これらの地質は保湿の度合いが違います。中南部に多い琉球石灰岩は浸透性があり乾きやすいのに対し、北部に多い千枚岩、粘板岩は保水性が高い。**このことから、北部の飛沫帯にイワノリ類とハナフノリの着生量が多いのは、地質の保水性と関係していることが分かります。**

備瀬崎にイワノリ類が生育していない理由

　本部半島備瀬崎・御願崎灯台から新里海岸かけてイワノリ類の生息状況を調べてみました。地形的に見ると冬季の北東風がまともに当たるので、その一帯にイワノリ類が多く生育すると予想していました。ところが現場に出向いて見ると、イワノリ類は確認できず、ハナフノリが生育していました（図101）。
　その原因は、この一帯は琉球石灰岩からなる広い波食台（はしょくだい）で囲まれていることにあります（図101②）。広い波食台は満潮時に冠水して飛沫帯になりますが、干潮時になると海水が長時間引き離水するので、波の飛沫が届かなくなる。つまり飛沫帯が解消されてイワノリ類の生育する条件を欠く状態になります。

図101　備瀬崎　①御願崎灯台付近：②広い波食台：③岩に着生するハナフノリ（2012年3月）

図102　古宇利島北部域のサンゴ礁　①②③大潮干潮時：潮位；+15cm（2017年4月）

　一方、ハナフノリはクッション状に密生することが体の乾燥を防ぐ機能になっているようです。その特性がより湿り気の少ない広い波食台における生育を可能にしていると考えられます。そこで2種類の耐乾燥性を比較すると、イワノリ類＜ハナフノリの関係にあることが分かります。

　近くの古宇利島の北側の沿岸では、この両種類の生育が確認されていません。そこは干潮時にかなり長時間離水するので乾燥に強いハナフノリも生育していない可能性があります（図102）。

恩納村万座毛崖下の飛沫帯にイワノリ類が少ない理由

　恩納村万座毛は北に面し、その崖下には典型的な飛沫帯が形成されています。ところが実態は、イワノリ類の生育量はきわめて少ない。その原因は、大きな崖が背後にあるため、その下部は冬季になると、一層うす暗くなる環境にありました（図104①）。

　イワノリ類の発芽期は秋口から初冬です。その時期の太陽高度は低いので、背後の崖が日射をさえぎります（図104③）。地形的に似た生育環境になる読谷村残波岬から長浜にかけた沿岸の生育量も、同様少ない。それに対し、イワノリ類を多産する国頭村辺戸は同じ崖下ですが、太陽光がよくあたる環境です。

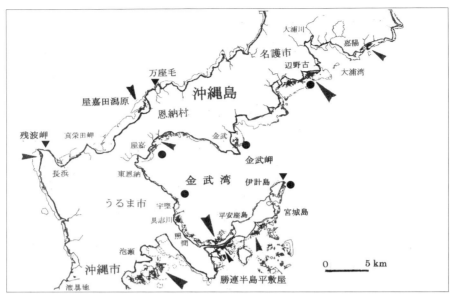

図 103　沖縄島中央部のイワノリ類（▼）とハナフノリ（●）の生育地：矢頭は海草モ場をそれぞれ示す

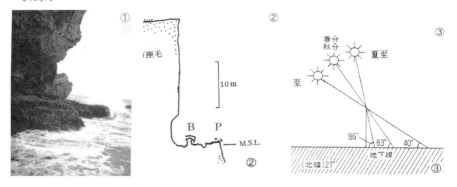

図 104　イワノリ類の生育する位置
　①恩納村万座毛　▼着生位置：②模式図　凡例:P イワノリ類、B コケモドキ（巻頭図集参照）：③太陽南中高度（理科年表より）

そのことからイワノリ類の好適生育場は太陽光の当たる飛沫帯だと分かります。辺土名漁港の日当たりのよい消波堤群にもイワノリ類が大量に着生しているのを同様の理由です。

小さな個体のまま過ごすノイワノリ類

　イワノリ類にはもう1つ特長があります。飛水面から高い位置にある飛沫帯では、薄い黄紅色をおび、小さな個体のまま一生を終えます。そのことから**イワノリ類は常に海水に浸る環境を好まないが、あまり強い乾燥をも好まない生理的特性をもつことが分かります**。同じような状況で生育するイワノリ類が、国頭村座津武、読谷村残波岬などで見られます（図100、104参照）。

　イワノリ類の大きさと色は、そこの生育環境を推測するよい指標になります。

金武湾奥部にイワノリ帯が出現した理由

　海藻採集の目的で2004年から数年、金武湾（約119km²）へ通いました（地理的位置は図103、図106参照）。それは沖縄県が新石川浄水場建設のため湾内を埋立地（約9.5ha）にする施工期と重なっていたので、工事開始から竣工まで見届けました。結局、それは埋立事業の進捗に伴い、金武湾のヒジキ帯が次第に消失していく現場に

図105　消滅したうるま市（旧石川市）のヒジキ。東恩納（2005年3月）

立ちあうことになりました。ヒジキ帯が次第に消失していく実態を、生育地に適当な強い波が届かなくなったからと理解しました。

　しかし、さらに驚いたのは、当初、金武湾に生育していなかったイワノリ類（マルバアマノリ）が、ヒジキ帯よりさらに湾奥部に造成された人工護岸（コンクリート製ブロック）の垂直面に出現したことです（図106②）。その現象は著者の提唱する仮説「藻（草）類の植生は北東季節風の影響と沿岸地形の向きで決まる」と明らかに矛盾しています。ヒジキが消えてイワノリ類が出現する現象は、その概念に立ちはだかる壁との遭遇でした。その疑問を解くため数日現場へ通い波の動きを観察したところ、イワノリ類が発生した原因は、以下に述べるように、大規模な埋立造成（9,5ha）と漁港の長い防波堤にありました。大規模の地形改変にもかかわらずその埋立造成に関わる環境評価（アセス）は省かれています。（環境評価・アセスとは、大規模な開発を行うにあたって事前に環境への影響を調査してその程度を評価すること。日本では平成9年に「環境影響評価法」が施行された）

図106 ①金武湾奥部の様子、A〜D:人工護岸　F:消波堤：②岸Cの方向からみた状態：③護岸側面に着いたマルバアマノリ（2008年3月）

導いた結論

　外海から湾内へ侵入する弱い波は、湾中央部に位置する突堤（図106①のF）に当たると、反転しAとC方向へ向かい、少し波高を増して護岸の垂直面に直角にあたり、飛沫帯を形成します（図106②）。平穏時の波を観察して分かったのですが、伝播する小さな波紋が間断なく垂直面に打ち寄せると飛沫帯になります。ゆるやかな角度の自然岩なら、そこに飛沫帯は出現しなかったかもしれません。護岸のAとCの中間部の湾曲面Bにイワノリ類が生育しないのは、そこには波が直角に当たらず分散するからです。飛沫帯が形成しないのは波の原

理で説明できます（図106①）。

このようにイワノリ帯の出現した理由は、寄せてくる波の動きの原則で説明できます。**イワノリ類が湾奥で着生する現象は、潮流により莫大な海藻胞子があらゆる沿岸へ供給されていて、運よく好適環境に出会うと、そこに着定することを示しています。**

「湾奥部にマルバアマノリ出現」という奇妙な現象を読み解いてみると、それは湾中央部の防波堤が介在して、人工護岸の垂直面に飛沫帯が形成されることに起因していました。したがって沖縄本島のイワノリ類の分布を論じる際、金武湾奥部にアマバノリが出現した理由として偶然が重なって生じた現象に留意する必要があります。

ところで、生きたサンゴ礁帯に海藻類が侵入したとして話題になることがあります。しかしその実態は、上記の事例が示すように、サンゴ礁が死滅したところに海藻の無数の胞子が着生し繁茂したにすぎません。サンゴ帯が回復すると、海藻帯はそれなりに縮小します。

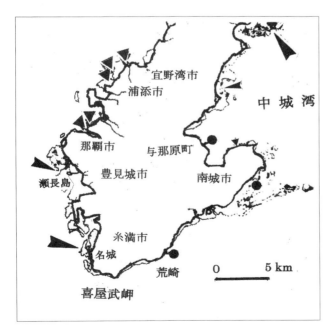

図107　沖縄島南部のイワノリ類（▼）とハナフノリ（●）の生育地
矢頭は海草モ場のある位置示す

107

沿岸地形の改変で出現した飛沫帯にイワノリ類が着生

　本土復帰以後、埋立地造成が盛んになり、沿岸のあちこちで大規模な消波堤が目立つようになりました。それに伴い礁縁近くに造成された消波堤群に飛沫帯が出現して、そこにイワノリ類が大量に着生し、その生育量は天然産を凌駕しています。それは意図することなく食用藻が増産された珍しい事例です。その代表的な場所が浦添市伊奈武瀬地先、宜野湾市コンベンションセンター裏地先（図108）と国頭村辺土名漁港地先です（図98）。

　なおイワノリ類は、干潮時、藻体が乾燥する頃を見計い、ヘラで容易にはぎ取ることで採取できます。しかしその場所と生育状況があまり知られていないようで利用度は低いようです。

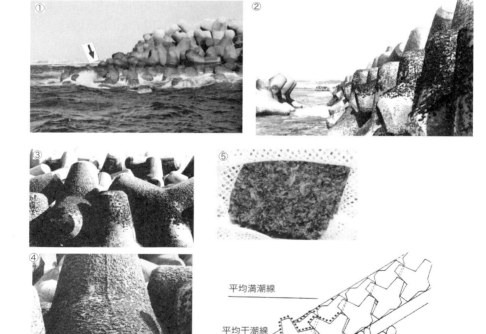

図108　①大規模消波堤に着生したイワノリ帯（矢印のゾーン）浦添市伊奈武瀬（1986年5月）：
　　　　②〜④宜野湾市真志喜コンベンションセンター裏地先：⑤収穫物：⑥垂直的な着生範囲 を示す模式図

108　第1章　沖縄に生育する主な海藻

コラム8　冬季季節風とイワノリ類の着生

　冬季の大陸高気圧の張り出しによる卓越風は、九州で西風、沖縄諸島で北東風、先島諸島で東風に変わる（気象台資料）。

　沖縄県のイワノリ類の分布を概観すると、沖縄本島西沿岸に偏在し、宮古諸島の伊良部島白鳥崎、そして八重山諸島・石垣島崎枝、カラ岳下の離れ岩、波照間島東海岸、高那崎などで生育している。高那崎で強い波浪をくりかえし浴びるので、生産密度は小さい（図109 ②③）。

　沖縄島先島諸島のイワノリ類の着生する状態と冬期の季節風の風向きとの関係をみると、そこに一定の調和が認められる（図109 ①）。

図109　①冬季の高気圧により派生する卓越風の方位：②波照間島東に面する高那崎の飛沫（1990年2月7日）：③同（2007年6月28日）

ハナフノリ (フノリ属)「フノリ科」

学名　*Gloiopeltis complanata*
地方名　ふぬい（布糊）。芭蕉布の糊づけに利用されている。漢字名、花布糊
分布　太平洋沿岸各地、沖縄島・久米島が生育の南限で、先島諸島には生育していない

特長

イワノリ類と同様、岩礁の潮上帯（飛沫帯を含む）に、春から初夏にかけて群生し、黄紅色を呈して明瞭な帯状をつくります（図111）。

潮上帯に生育する藻体の水分補給はもっぱら海水の飛沫に依存しているので耐乾燥性、さらにそこは降雨に遭遇する機会が多いので広塩性と推測されます。高さは約1.6cm、生育量はマット状を呈する濃密な場所で平均約860g/m²（湿重量）、一般的な生育量はその半分程度と推測されます。

ハナフノリ生育量の多い地質は、沖

図110　ハナフノリが生育する沿岸（●印）
黒い棒線はハナフノリが生育していない沿岸

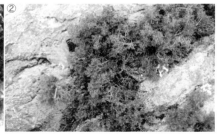

図111　①ハナフノリ：②ハナフノリの群生

110　第1章　沖縄に生育する主な海藻

縄島北部の保湿性の高い名護層と嘉陽層（ともに非石灰岩）で、生育量の少ない中南部域は、透水性の琉球石灰岩からなります。

季節的消長

　保水性のある基質（非石灰岩）では、11月初旬に発芽し、2～4月がピークになり、生育量が最大600ｇ/㎡に達し、6月中旬消失します。一方、石灰岩では12月中旬に発芽し、生育量は3月頃に最大100ｇ/㎡になり、5月初旬に消失します（図112）。

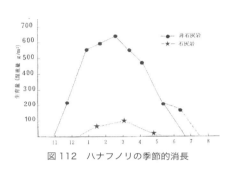

図112　ハナフノリの季節的消長

ハナフノリの耐乾燥性はイワノリ類より高い

　潮間帯の上位の潮上帯、あるいは飛沫帯は、乾燥と降雨にさらされる厳しい環境です。そこでは、場所による波の強さ、岩場の湿り気、乾燥具合などの度合いにより、イワノリ帯、ハナフノリの生育する場所が明瞭に分かれています。その原因を考えてみましょう。

　ラファエリ・ホーキンズ（1999、朝倉訳）は次のように述べています。「水分損失の度合いは、海藻の形によっても違う。特に、体積に対する表面積の割合は重要である。膜状でシートのような形をしたイワノリ類、アオサ類、ヒトエグサは水分を失う速度が速い。芝状に拡がっていく種類や密生して生える種類（例えばハナフノリ※筆者注）は、単独で生えている種類よりも水分の損失は少ない」。藻体の水分損失の度合いは、当然のことだが、膜状のイワノリ類はクッション状に密生するハナフノリより水分の損失は早い。イワノリ類がハナフノリに比べて、より波の荒い場所を好適生育場にしているのは、岩に密着する体の構造と耐乾燥性が関係している可能性が高い。つまり**イワノリ類はその形状の違いで、ハナフノリより水分を失う速度が速い**のです。イワノリ類は波当たりの強い場所、飛沫があたるところを好適生育とし、芝状に密生しているハナフノリは、それより乾燥している場所にも生育できるのです。

　イワノリ類は沖縄島の西沿岸域に偏在します（図97）。これに対しハナフノ

リは沖縄島の東・西の沿岸に生育しています（図110）。その原因は、ハナフノリがイワノリ類より耐乾燥性が優っているからと推測されます。観察したところ、ハナフノリはイワノリ帯より波当たりの弱い場所に生育しています。具体例でいうと、辺戸岬では、日当たりのよい飛沫帯の岩面にイワノリ類が群生し、少し離れた北東に面し岩陰になる場所にハナフノリ帯があります（図114）。恩納村真栄田岬の突端では北に向く岩面にイワノリ類が着生し、同じ岩で南西に向く面にハナフノリが着生しています。

以上のことから、両者を波あたりの強さで見ると、ハナフノリ＜イワノリ類。また、耐乾燥性で見ると、ハナフノリ＞イワノリ類の関係にあります。

なお、その2つの種類が帯状で混在する状態は観察されていません。以上のことから、その明瞭な帯状は波の強さを推し測る指標になります。

図113 ①国頭村宇座浜から見た辺戸岬の南端：② 岬先端部の岩に着くハナフノリ帯

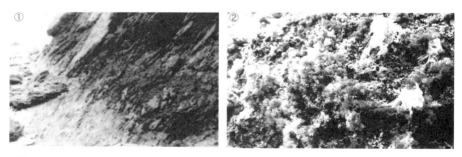

図114 ハナフノリの生育状態 ①非石灰岩（沖縄本島名護市武瀬名）アオサ帯より上位にハナフノリ帯がある：②琉球石灰岩に生育する状態（糸満市荒崎）

沖縄島のイワノリ類とハナフノリが薄く混生する理由

　東側の伊計島北端においてイワノリとハナフノリが薄く混生しています（図115）。風が遮断している東海岸側、つまり西海岸に比べて飛沫帯を形成しにくいところで、なぜイワノリ類が生育しているのでしょうか。

　その理由は、沖縄島が45度傾いて存在していることで北東季節風の影響を遮蔽するという効果が薄れ、伊計島北端あたりで弱くなり、強い季節風の影響をうけて飛沫帯が形成されると推測されます（図103）。

　ところが、ほぼ同じく季節風の影響をうける条件下の中城湾久高島ではイワノリ類は生えていません（図97）。その理由は、久高島の北端は遠浅になっていて、地形的に飛沫帯が形成されないからです。

 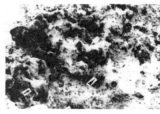

図115　①伊計島北端の様子（2017年3月）：②同島北端におけるイワノリ類とハナフノリが少し混生する状態、矢印はイワノリ類、矢頭はハナフノリを示す

海藻植生で沿岸の環境を推測する（応用）

　机上で沖縄島北部の地図を眺めると、国頭村辺戸岬から安田にかけた東沿岸はかなり風浪の強い沿岸を想像します。しかしながら、明らかに東沿岸域ではハナフノリが優占しています。それから東沿岸は西海岸より穏やかと推測することができます（図97、98）。実際、風の特性を調べた観測データ（生沢・寺園1992）によると、那覇1月の那覇は北東季節風が卓越しますが、国頭村奥では北北西風が卓越します。つまり辺戸岬から大宜見村に至る西沿岸域と比べて、辺戸から安田にかけた沿岸域は相対的に穏やかとみなしてよいのです。

　ハナフノリ、イワノリ類は沖縄諸島の飛沫帯において帯状をつくる数少ない種類です。興味深いのは、その両者の間は、競合する関係はなく、岩礁の湿り気、耐乾燥性が相違して住み分けています。両者の帯状が混生することもありません。その状態を別の視点で見ると、厳しい環境に適応して、それぞれが好適生育場を獲得していると推測されます。その特徴は識別しやすい植物指標になります。

海藻類のまとめ

　藻類は食用になる他、いろいろな面で人の生活と深く関わっています。その例を身近な緑藻のヒトエグサ、アオサ、クビレズタ、褐藻のオキナワモズク、ヒジキ、紅藻のイワノリ類、ハナフノリ、イバラノリの生態を概略的に説明しました。そのうちの４種については生活環を含めて紹介しました。これで煩雑にみえた仕組みが少し身近になったのではないでしょうか。海藻の「生活史」は複雑ですが、それを知るには、「生活環」を理解することから始まります。

　海藻の生えている状態は無秩序に見えますが、それは「生き残る」ために気の遠くなるような時間をかけて「住み分け」ている状態とみなしてよいでしょう。その背後には、沖縄のサンゴ礁を含む陸地形と冬季および夏季の強い季節風の影響が関与しています。

　第Ⅱ章で紹介する海草モ場が形成される条件を含め、**海藻類の好適生育場の特徴を照合すると、それらは相互補完する関係にあり、その概念で地先の生育環境を読み取れるようになります。**

　例えば、開放性の沿岸に生えるイワノリ類とハナフノリは共に飛沫帯に生えていますが、前者はより波当たりの強い場所を好みます。したがって両者の好適生育場は異なる位置を占めています。

　準開放性のヒジキは潮間帯の中部の岩場に帯状を形成していますが、それの分布は特異的で沖縄島東沿岸の３地域にのみ生育しています。同じ準開放性のオゴノリ類とイバラノリは潮間帯の下位に生育していますが、それらはさらに弱い潮流のところです。さらに閉鎖性のヒトエグサ、アオサ類などが潮間帯上位に生育しています。

　アオサ類が異常繁殖している状態は沿岸環境の富栄養化を示唆し、また、ヒトエグサの葉の黄変する状態は栄養塩の不足を示唆しています。

　夏季になるとヒジキはほぼ目視できなくなりますが、実態は古い琉球石灰岩の澪筋の側面に小さな幼体のまま残り、12月ごろ水温の低下とともにそれが伸びて成体になるといわれています。ところが2017年の調査によると、発芽が真っ先に始まる場所は、そこよりさらに下位の平たんな岩礁の孔やくぼみでした。その一帯は最も強い波浪が繰り返し当たる所です。その波浪条件に水温の下降が重なり生長を促しているようです。澪筋の側面に残る小葉群と波が激

しく当たる岩礁面の小葉群との関係は不明です。日射の強い6月下旬のサンゴ礁性フラットの窪みで、最後まで残る藻体は生殖器床をたくさんつけています。それから推測すると、夏に放出される受精卵が形を変えて、窪みの溝で夏を越している可能性があります。一方、古い琉球石灰岩の上で四方に広い範囲にひろがりを見せた繊維状根の役割を考えてみます。古い琉球石灰岩の特性、すなわち、多孔性、透水性の基質の特性が夏の強烈な陽射や台風襲来時の環境に耐える条件を備えていることに注目すると、繊維状根が生殖細胞化し、孔や溝に入り込み、あるいは仮根が細分化し残り、夏の不適環境を過ごし、生育環境が好転すると発芽する可能性があります。事実、露出する時間の長い夏の強烈な日差しの下、サンゴ礁性フラットの窪みでは、水たまりの高塩分化があちこちで生じています。前に述べたように、モズク類は高塩分化へ誘導すると未知の多様な生き残る方法を持っています。激しい波が繰り返し当たる岩礁の穴や細い溝で夏を越す生殖細胞はそのいずれに由来するだろうか、好奇心と想像は拡がります。

　海藻の生育を制限する要因には日射量と水温、そして波浪の強さが関わっています。

　このように、**これまで述べてきたような海藻が沿岸の環境を読み取る指標性を持つとしたら、それはその周辺の長期的な生育環境を反映した状態を示しているといってよい。**

　本書で多面的に検討したイワノリ類、ハナフノリなどの数種が指標植物になるか、その妥当性を検討しながら、自分なりの"指標種"を新たにみつけ、日ごろ見慣れた景観を別の角度から眺めるのも楽しいものです。

コラム9　漂着した大量のアカモク

　2017年4月の大宜味村の沿岸は独特のホンダワラ類臭に満ちていた。その原因はアカモクで沖縄に分布していない大型種である。漂着は3、4年前から目立って多くなったと地元の人から聞いたが、岸から見渡すと大量である (図116)。じつはその前日も中城湾奥部の渡口の浜に漂着しているのを確かめていた。ホンダワラ類に詳しい広島在の西海区水産研究所の島袋寛盛氏の話によると、中国大陸あたりか

115

ら流出し黒潮反流に乗って漂着するものが、最近、九州以南の各地で目立つようになったそうです。黒潮の動きはかなり複雑である。本土の一部の地域ではアカモクの先端を摘んで食用にしている。それは納豆のような粘りけがあり健康食品として最近評価が高くなっている。来年以降もそれの大量漂着が見られるか興味深い。アカモクの分布は北海道、本州、四国、九州、朝鮮半島、中国(香港)。

図116 アカモク「ホンダワラ科」。漂着した大量の「流れ藻」(沖縄島大宜味村 2017年4月13日)

コラム10　造礁サンゴの形と海藻の形

　海の生物に関心を持ち始めた頃、ひじょうに興味をもったことがありました。それは水中マスクとフィンの力を借りてのぞいた海中景観がテーブル状と樹状の造礁サンゴ群で、それらがかなり植物に似ていることでした。その謎はとけないまま30数年経過して、ようやくその答えを『植物の起源と進化』(コーナー著/大場・能城共訳　1989)にみつけた。それによると、形態(構造)には機能の裏付けがある。定着性生物をキーワードにすると、オオイソバナ(図117②)、シロガヤなどの海中動物のかたちが海藻に似ているのは決して偶然ではなく、このような動物も、海藻と同様に岩に付着し、上方や外方へ生長し、体表面をできるだけ露出して栄養分を捕える原則を守っている。植物のかたちは、海水の動きによって栄養分を得る付着の生物が必然的に開発したものである、と語っている。壮大で悠久の時間をかけた世界が目前にありました。海は不思議に満ちています。

図117　①野菜にみえる造礁サンゴ：②腔腸動物サンゴの仲間オオイソバナ (横井謙典氏提供)

第II章
沖縄に生育する全ての海草と
海草モ場について

コアマモ

ウミジグサ

マツバウミジグサ

ベニアマモ

リュウキュウアマモ

ボウバアマモ

リュウキュウスガモ

ウミショウブ

ウミヒルモ

トゲウミヒルモ

オオウミヒルモ

ホソウミヒルモ

海草モ場から環境を読み解く

「海草」とは

海草は陸生植物と同じ「高等植物」なので、海藻と異なり、葉・茎・根・地下茎と分化した組織をもっています。したがって、葉は光合成、根は栄養塩の吸収、地下茎は増殖という役目を一応もっていますが、葉の表面を通して海水中から必要な栄養分を吸収しています（飯泉1989）。栄養分を体組織に運ぶ維管束があり、花・実を付ける有性生殖と栄養繁殖（無性生殖）で増えます。

海草の種類

海草は世界中で約50種が報告されており、このうち約半数がサンゴ礁域に生育しています（den Hartog 1970）。黒潮は、種子島と奄美大島間を通過し太平洋側へ流れますが、黒潮をまたぐ種子島では熱帯産の海草は激減します。

わが国のサンゴ礁海域では9種の海草が報告されていましたが、沖縄島中城湾・金武湾の水深約10mからトゲウミヒルモが発見され、日本新産種と報告されました（Kuo et al. 1995）。また、日本産ウミヒルモ属について、多くの新種が記載されていましたが、Uchimura et al. (2008) はDNA解析などの結果から、日本産ウミヒルモ属を4種にまとめ、ホソウミヒルモ、ヒメウミヒルモ、ヤマトウミヒルモを同属異名としています。つまりウミヒルモ属が1種から4種に増えました。それに従うと沖縄に生育する海草は3科12種です（表2）。

ちなみに沖縄の海草研究は、スギ科の植物化石メタセコアを発見した三木茂（1901-1974）により始められ、多くの先駆的業績を残しています（Miki 1934,1934など）。和名は、その当時から使用されてきたものです。

海草モ場

海草が密生する場所を海草モ場（＝藻場、アジモ場）とよびます。海草モ場を眺めると、まるで陸上の草原のようです。第I章で述べたようにオキナワモズクの発芽はまっさきに海草モ場から始まります。葉が林立することで全体の葉の表面積は広くなり、葉の表面に無数の微細生物群（デトリタス）や小さな軟体動物などが付きます。それらは魚類の餌になります。例えば、フエフキダイ（地方名　たまん）は、稚魚期にモ場で餌をもとめて一定期間着底します（金城

1998)。また毎年6〜9月頃、葉上につく微生物を食べるため海草モ場へ押し寄せるアイゴ（スク）の大群を漁獲する風景は、沖縄の風物詩となっています。ジュゴン、アカウミガメなど大型の動物も海草を食べに回遊してきます。シラヒゲウニの主食は海藻ですが、海草も食べます。モ場は魚類のエサ場であり、保育場になります。

　沖縄民謡「海のチンボーラ」に出てくる「海のサシグサ」とは、リュウキュウスガモ、ベニアマモ、ボウバアマモのことです。

　このように海草モ場は地先の基礎生産力を支えている大切な場所です。ところが海草モ場の存在があまり世に知られていないため、まだ関心を持つ人は少ないようです。

　海草モ場を沿岸地形と冬季・夏季の季節風の関係で見ると、従来見てきた沿岸の風景を別の角度から眺め楽しむことができるようになります。

表2　琉球列島に生育している海草

被子植物門　単子葉植物綱　オモダカ目

アマモ科	トチカガミ科
コアマモ	ウミショウブ
ベニアマモ科	リュウキュウスガモ
ウミジグサ	（ウミヒルモ属）※
マツバウミジグサ	ウミヒルモ
ベニアマモ	トゲウミヒルモ
リュウキュウアマモ	オオウミヒルモ
ボウバアマモ	ホソウミヒルモ※

※同種異名（生態型）のヒメウミヒルモ、ヤマトウミヒルモを含む
　　（Uchimura *et* al.2000, 大葉2011を一部改変）

コアマモ *Zostera japonica* [アマモ科]

特長

唯一西表島まで南下した種で、閉鎖的な場所に生育します。雌雄異株。葉幅 0.1〜1.3mm。葉長 10〜25cm。葉脈がかなり明瞭。とくに横軸が梯子状を呈するので識別しやすい。生育量は 300〜500g/m²。広塩性、耐乾燥性。葉は数時間空中に露出した状態でも生き残ります。名護市羽地内海 79ha, 同市屋我地島 128ha、恩納村山田、同村屋嘉田潟原（図140）、中城湾内の北部などで比較的大きな規模で見られます。

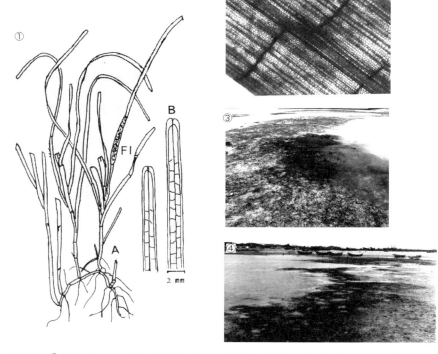

図118　①コアマモ　A: 全体（Miki 1932 より略写）B: 葉脈に明瞭な横線を有しハシゴ状を呈する②葉の拡大―横縞が明瞭にみえる：③干上がった部分、濃い部分がコアマモ帯。薄い細い葉はマツバウミジグサ、大潮干潮時（名護市屋我地 2017 年 5 月）：④広い帯状で群生、干潮時（豊見城市瀬長 1986 年 6 月）対岸は那覇空港

ウミジグサ *Halodule uninervis* ［ベニアマモ科］

特長

　雌雄異株。葉の先端が3つの角状を呈します。葉幅は0.25〜2mm、葉長は10数cmになります。生育範囲は目立たないが意外と広く、マツバウミサジグサと混生します。根茎の匍匐深度（根を張る深さ）は浅く、細い根を水平方向へ伸ばし、絡まっています。還元層のある底質に生育する傾向があります。**[還元層]** とは、海底の有機物の負荷が増大するにつれて堆積物の中に見られる酸化層の下に位置する層。還元層は酸素がなく硫化水素のどぶ臭いがし、底砂の色は灰黒色を呈しています。

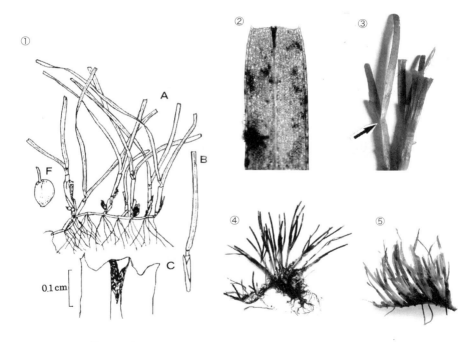

図119　①ウミジグサ　A:全体　B:葉　C:葉の拡大　F:実（Miki 1932から略写）
　　　②葉の拡大：③特徴的に葉鞘から出る次に出る葉の幅は狭い（矢印）：④全体：⑤一部拡大

マツバウミジグサ　*Halodule pinifolia*　[ベニアマモ科]

特長

　雌雄異株。葉長 10 〜 15cm で、葉幅は 0.1 〜 1mm で細長い。生育量は 100g/㎡以下で全体的に薄く拡がり、いわゆるモ場と呼ばれる状態をつくりません。葉は耐乾燥性に優れ、数時間、露出しても枯死しない。実・花は、普通に見つかります。生育範囲はかなり広く、干上がる浅瀬から礁池の縦幅約 600m あたりまで生育しています。

　名護市辺野古にある大きな海草モ場内の浅い平坦な面ではリュウキュウスガモとベニアマモが優勢ですが、モ場内の巨大クレーターの斜面、すなわち平坦面の端からしだいに水深 3m の深みになる所ではマツバウミジグサが優占しています。その状態はそれぞれの海草の適正照度が関係している可能性があります。

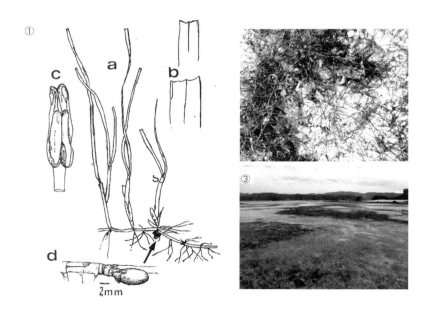

図 120　①マツバウミジグサ　a: 本体　b : 葉の先端　c : 雄花　d : 実：②：底砂が掘削され地下茎がむき出しの状態（屋我地　2009 年 4 月）：③広く薄い密度で生育するマツバウミジグサ帯。大潮干潮時、滞水している所。干上がる所に生えているのはコアマモ（屋我地　2017 年 5 月）

ベニアマモ　　*Cymodocea rotundata*　　[ベニアマモ科]

特長

　奄美大島以南に分布する熱帯性の海草。雌雄異株。多年生。地下茎はタンニン細胞を含み紅色をおびて、和名はそれに由来しています（図121）。葉幅は0.5〜0.8cm、葉はまっすぐ伸び、葉長15〜20cmになります。主に栄養繁殖で増えます。海中に群生する景観は陸生の茅に似ています。リュウキュウスガモと混生して海草モ場を形成します。地下茎はリュウキュウスガモより上部の、浅いところを這います。

　水中受粉を行います。しかし沖縄では、花と実は3、4度認められたにすぎず、実から発芽する状態はまだ見つかっていない。2002年10月、国内で初めて種子がうるま市海中道路の北側で発見、という新聞報道がありましたが、

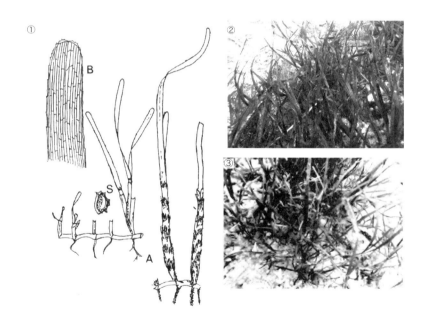

図121(1)　①ベニアマモ　A:全体（Miki 1932より略写）B:葉の先端部　S：葉の先端（den Hartog 1970より略写）②根元の砂礫が除去されて状態：③地盤が波で掘削されて露出した状態の地下茎と葉

図 121(2) ④ベニアマモの地下茎、海底を這う状態：⑤実（Fortes 1993）

それを含めても観察例はきわめて少ない。

こうした状況から、ベニアマモは、生育の北限に近い沖縄では有性生殖で増えるより、栄養繁殖で増える方を選択していると推測されます（当真1991）。分布の中心に近いフィリピンでも、花、をみつけるのは難しい（Foretes 1993）。このようにベニアモで構成される海草モ場は、ほとんど栄養繁殖で維持され、ときどき有性生殖が加わる程度とみなしてよい。

リュウキュウアマモ *Cymodocea.serrulata* ［ベニアマモ科］

特長

　雌雄異株。葉幅は4～9mm。葉長は5～15cmで、やや遮蔽された準開放性の地先に生育します（図122）。低塩分化（海水濃度が薄くなること）に弱い。同属のベニアマモ同様、花・実を見つけるのはひじょうに困難です。同種は沖縄島の東沿岸域で普通に生育しますが、西沿岸域では少ない。地下茎の匍匐深度は浅いため、根茎を底砂から露出して這う状態がときどき見られます。海底の細かい粒子の底質では垂直に伸びます。稀に縞模様をつける若葉がありますが、その模様は生長するにつれて消えます。ボウバアマモと混生する傾向がみられます。分布の中心に近いフィリピンでも、雌花、実の発見は難しい（Foretes 1993）。中城湾から発見例が報告されています（野中・与那覇2010）。

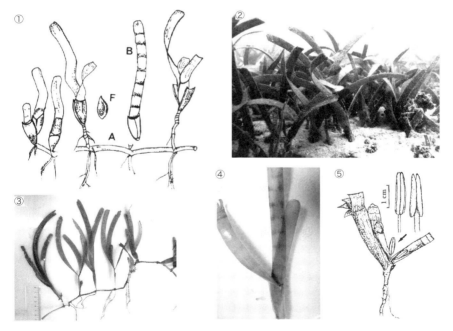

図122　①リュウキュウアマモ　A：全体（Miki 1932より略写）B：横紋をもつ若葉　F：実（den Hartog1970より略写）：②やや静穏な場所で生育する状態（糸満市北名城　2010年6月）：③全体図：④横紋をもつ葉の拡大図：⑤雄花（Fortes 1993）

ボウバアマモ *Syringodium isoetifolium* ［ベニアマモ科］

特長

　葉は棒状で中実（中身が詰まっている）。葉幅1〜2.5mm、体長は10〜40cm。葉は乾燥に弱く、大潮時に長く干上がると縦裂します。花は7〜8月に見られますが、しかし実は発見されていません。比較的静穏な場所を好適生育場にし、リュウキュウアマモと混生する傾向が見られます。

　沖縄島の東沿岸部で普通に生育しますが、西沿岸部では2、3か所程度で少なく、糸満市名城、名護市羽地で見られます。生育面積はリュウキュウアマモより広く、久米島イーフビーチ、宮古島与那覇湾口、石垣島名蔵湾などで大きなモ場をつくります。

図123　①ボウバアマモ　全体（右）に付いているのは雌花（F1）；(C)茎の断面中実：②海草モ場（沖縄島屋我地　2010年4月）：③ボウバアマモの単一からなる群生（国頭村伊部湾　1991年）

リュウキュウスガモ　*Thalassia hemprichi*　[トチカガミ科]

特長

　サンゴ礁の海草類の中で最も繁栄している種。雌雄異株。水中受粉しますが、主に栄養繁殖で増えます。内湾の砂泥帯から礁池の砂礫帯まで生育する広塩性です（図124）。

　葉は全体的に緩く湾曲し、いわゆる鎌(かま)状になります。葉幅4〜11mm、葉長約35〜40cmになり、葉の先端に小さなギザギザの突起をつけます。岸から離れるにしたがって葉は小型になる傾向が見られます。茎は鞘(さや)を被り強靭(きょうじん)。花は小さく白色で7〜8月を除いて周年観察されます。実生は黄緑色をおび9月から1月にかけて普通に見られます。実の中に1個または4〜5個の種子が収容されています。室内での発芽率は95%以上、約90日で約10cmになりますが、野外ではそれより早く生長すると推測されます。

　実が裂開(れっかい)（ハッチ）すると、種子が出て3〜4分間、海面で浮かび、その後沈下します。この光景から、種子が浮遊する間に潮流に運ばれて分布を広げる機能と考えられます。

　千切れた地下茎は、栄養繁殖を開始します。**栄養繁殖は台風などによって撹乱される環境に適応した海草の省力化とみなされます。**また、波浪の強い砂礫帯では、茎の節間は短く細い強靭な針金状になり砂礫帯を這い、ときに礫の孔を貫通している状態がみつかります（図124⑨⑩⑪）。

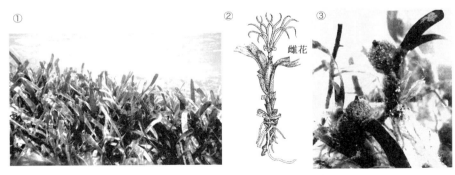

図124(1)　リュウキュウスガモ　①海草モ場：②雌花（Fortes1993）：③2個の実

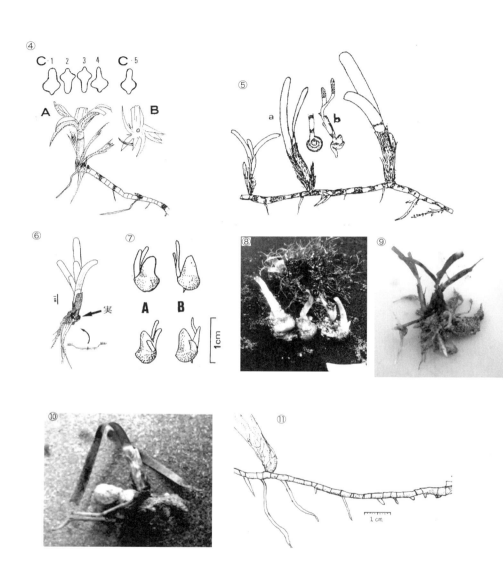

図124(2) リュウキュウスガモ
④実の烈開 A: 実からの発芽 B: 面から見た状態で種子（C1-4）内包されていた4個（C-5）未熟
⑤鞘を被る強靭な茎と実の発芽：⑥実から発芽した状態：⑦実2個の発芽の側面観：⑧モ場の窪みで発芽した4個の種子（紅藻シマテングサと絡んでいた）：⑨強靭な茎の先端：⑩サンゴ片を貫通する強靭な細い地下茎：⑪節間の短い針金状を呈する地下茎

ウミショウブ　　*Enhalus acoroides*　　[トチカガミ科]

特長

　1属1種の熱帯性の大型種。雌雄異株。和名は陸生のショウブに由来。葉幅は1～1.5cm。草長の平均70cm、ときに1mになります。必然的に大きな体を支える根茎はかなり強靭です。水深0.5～2mに多く生育しています。

　生育の北限は西表島と石垣島（図144）。石垣島では伊土名、川平湾に小規模に生育（野沢1974）。西表島では普通に生育し、崎山湾には面積約32haの大きな群落があります（図144）。鳩間島・波照間島に小さな規模で生育しています。

　珍しく海水面で受粉します（原田1974）。6月頃の干潮時、普段、海中に没する葉の大半が海面に浮かび、その葉に抱えられて白い花粉が海面で風に吹かれ自由闊達に動き回り受粉します。潮位の変化に同調し、初夏に受粉する機能は合理的です。初夏に海面を白く彩る景観は夏の風物詩として新聞などで話題になります（図125④）。

　実の大きさは4～7cm、ニューギニアで実を食用にしています。味は甘藷に近い（相生1986）。

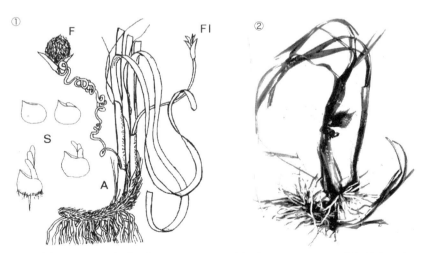

図125（1）　ウミショウブ　①A: 実と花をつける本体（den Hartog 1970より略写）F: 実　Fl: 雌花　S: 芽（相生啓子氏提供）：②受精後、実と花柄が体にまきついている状態（西表島）

図125（2） ウミショウブ ③手前の短い海草はリュウキュウスガモ：④海面に浮く無数の白い花粉と雌花（2006年10月21日 沖縄タイムス社提供）：⑤受粉（横地洋之氏提供）：⑥部位の説明 a: 実 b: 雌花 c: 根 d: 葉 e: 根（1982年8月25日）

ウミヒルモ　*Halophila ovalis*　［トチカガミ科］

特長

葉は小型で浜辺に生えるグンバイヒルガオに似ています。雌雄異株。海底の干上がる砂地の上を被うように生育します。葉は1mmを超えない。個体1個あたりの重量が小さく、生育密度は高いところで500g/m²以下なので、海草モ場とよべるほどの状態になりません。

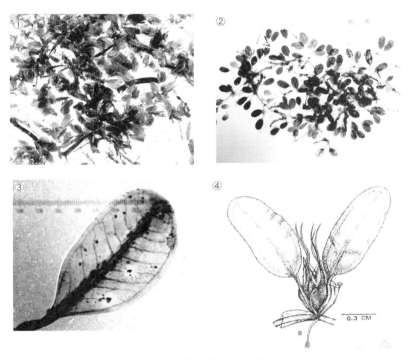

図126　ウミヒルモ　①②生育する状態：③葉の拡大：④雌花（Fortes 1993）

トゲウミヒルモ *Halophila decipience* ［トチカガミ科］

特長

　希少種。雌雄異株。葉はウミヒルモを細く伸ばした形で、縁辺に細い棘が並んでいます。約10mの深所を好適生育場にしています。その水深になると波浪の影響は小さいので、必然的に地下根茎の匍匐(ほふく)深度は浅くなります。

　外国ではインド－マレー半島、オーストラリアなどで知られていましたが、沖縄では、1991年沖縄本島中城湾の浜地先の水深12mからドレッジで初めて採集され、それが日本新産種の報告につながりました。**[ドレッジ]** とは、海底から資料採集する際に用いる鉄製の箱型の器具をさします。船をゆっくり走らせ、ドレッジをけん引して採集します。その後、金武湾、大浦湾でほぼ同じ水深から採集されています。

図127　①トゲウミヒルモ（中城湾・浜水深12m　1991年4月　久保弘文氏提供）：②深所18mにおける生育状況（中城湾1996年6月　金本自由生氏提供）：③大浦湾（水深9~13m 2004年7月　棚原盛秀氏提供）

オオウミヒルモ *Halophila majorl* ［トチカガミ科］

特長

ウミヒルモ属の中では大型。葉幅5〜10mm、ときに10mmを超えるのもあります。雌雄異株。雌花、雄花は普通に見つかります。本州千葉あたりから西表島にかけて分布しています（大場・宮田2007）。地下茎から葉の付け根まで赤く、浅い水深から約3mの海底の砂地で深く根を伸ばし、密生して海草モ場を形成します。名護市辺野古地先では、航空写真で判別可能です。ジュゴンが好んで食べる種のひとつで、そのモ場内に残る蛇行する溝（トレンチ）は、ジュゴンが砂ごと漉き取り、砂をふるい落とし食べた跡です（図135①）。

図128　オオウミヒルモ　①葉と長い地下根（2007年2月　名護市辺野古）：②全体像と拡大：③雌花：④雄花：⑤雄花のつく状態：（④⑤⑥棚原盛秀氏提供）

ホソウミヒルモ *Halopyila okinawaensis* ［トチカガミ科］

特長

　希少種。トゲウミヒルモが発見されて以降、調査がすすみ、ホソウミヒルモの存在が知られるようになりました。雌雄異株。葉が細長いのが特長。好適生育場は約 10 m の深所です。その水深では波浪の影響は小さいので、必然的に地下根茎の匍匐深度は浅くなります。当初、沖縄本島東沿岸の水深約 10m から採集されていましたが、その後、西沿岸の水深数m以上 10m の数箇所から採集されています（図 129 ②）。

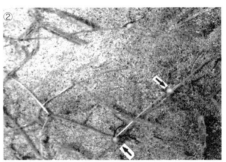
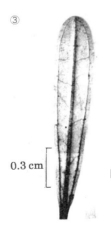
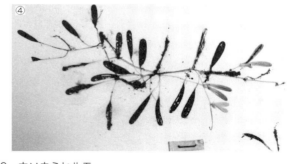

図 129　ホソウミヒルモ
①砂地を這う様子（沖縄島本部町浜崎　2005 年 5 月　上原秀貴氏提供）：②深い所で生育する状態、実（矢印）と茎（大浦湾瀬嵩　水深 10 〜 15 m　2004 年 9 月 23 日　棚原盛秀氏提供）：③葉身の拡大：④採集標本（沖縄島糸満市西崎　水深 25m　2010 年 12 月　スケール＝ 1cm　譜久里茂氏提供）

海草モ場から環境を読み解く

　海草モ場の調査を始めた頃、研究室の壁に沖縄島（先島諸島を含む）の大きなカレンダー付きの地図が張ってありました。その地図に野外調査をする毎に、モ場の位置とおよその規模を鉛筆で塗り印づけしていました。

　しばらくして、その地図を眺めているうちモ場の形状と場所の間に一定のパターンがあることに気づきました。

　沖縄島の島軸がほぼ 45 度傾いている実態に、冬季の北東季節風の影響を重ねあわせて見ると、島自体が冬季の北東季節風の影響を防御して、東海岸域は静穏になる面積が広いと直感したのです。

　この一瞬のヒラメキが、その後の海草モ場研究のフレームワーク（枠組み）になりました。理由に気づきさえすれば、理解は進みます。

　その後、カラー航空写真を用いて海草モ場の面積の輪郭をなぞり面積を求めたところ、沖縄島の全面積約 2500ha の 90％が東沿岸に存在していました（当真ら 1991 年）。

　同時に島軸が 45 度傾いていることは、西沿岸に強い波が押し寄せるということを意味しています。さらに海草は、多年生なので、夏季の南西季節風の影響も考慮する必要があります。強い波浪がもたらす物理的条件は、地先の生物的環境を支配し、そこに特徴的な生物環境を提供しています。海藻の帯状分布、海草モ場の存在はその結果を表しているといえます。

　第 I 章では、この概念で、海藻のイワノリ類、ハナフノリ、ヒジキの分布を説明しました。つまり海藻と海草の生育状態から、それぞれ違う特性を抽出し、それを相互補完する関係性で読み解き、この概念に対する理解を深めてきました。冬期・夏期に強く吹く季節風と地形が織りなす一定の法則性に目を向けると、そこに壮大な自然の摂理を実感することができます。

　ここでは、海藻モ場を航空写真や実際の調査から考察してみます。

135

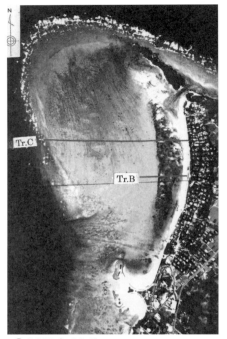 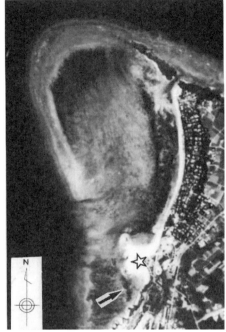

① 1988 年 10 月　　　　　　　　　② 2001 年　☆国営沖縄海洋博記念公園

図 130　本部半島のサンゴ礁、備瀬の海草モ場の形の推移（調査線の Tr. =トランセクトの略）

漂砂の移動を制限する要因—島地形と季節風の関係

　沖縄島北部の本部半島の備瀬崎でモ場の調査を、航空写真を併用して実施したことがあります（図130）。備瀬崎の海草モ場は、強い季節風の影響で生起する底砂の移動量が抑制される場所に形成されています。つまり沿岸寄りの比較的穏やかと言えます。

　調査は、岸から沖の方向へ縄を垂直に張り測線（Tr.・図130 ①）を設定し、縄に沿って 10m 間隔に方形枠（1m×1m）を置いて実施しました。浅いところは徒歩、深いところは潜水により調査しました。記号 Tr. とは、トランセクトの略で、サンゴ礁を横断して調査する方法のひとつ。

　海草モ場の前縁（沖側の端、図6参照）は、ふつう礁縁から岸辺間を横断する距離の半分より岸寄りにあります。備瀬崎の海草モ場は夏季の南西季節風の影

③ 2007 年（Google 社提供） ④ 1988 年の航空写真をもとにサンゴ礁地形をみる

響を受けて岸寄りに偏圧された状態にあります。

　広いサンゴ礁地形の中で同図の Tr.C の調査によると、リュウキュウスガモが離岸距離 700m あたりまでわずか生育していました。それは航空写真からは判別できないほど薄いのですが、それに地下茎が強い波に抵抗して沖側へ進出する意図がみてとれます。また、礁縁から中ほどにかけて見られるホウキで掃いたような擦過痕は、文字通りそこは激しい波の通過する場所であることを示唆しています（図130④）。

　海草モ場は強い季節風の影響で生じる底砂の移動量が抑制される場所に形成されています。その状態は、本部半島の備瀬崎の海草モ場を 1988 年、2001 年、そして 2007 年撮影の航空写真で対比するとよく分かります。このモ場面積はずっと約 13 ha と安定しています。つまり約 20 年間、海草モ場の形状は変化

図131　岸から見た備瀬崎の海草モ場　対岸の島は伊江島（1988年3月）。左やや中央の澪筋（矢印）は漁船用の水路

していないのです。さらに2017年現在、変化は認められていません。その実態は"**海草モ場はあるべき場所に存在している**"とみなされる具体的な証しです。すなわち、沿岸地形を改変しなければ、海草モ場の形はほとんど変化しないのです。さらに分かりやすい実例が備瀬崎にあります。図131の中央部にみえる人工的な直線は漁船の水路（矢印）で、そこは数年に1回の頻度で掘削されます。その理由は、水路が次第に砂で埋まり、澪の淵の地下茎が伸びて水路を塞いでしまうからです。それを言い換えると、その一帯は潜在的に海草モ場になる条件を充たしていることを提示しています。

　もう少し具体的に検討してみましょう。広いサンゴ礁、最大幅約750mに囲まれた備瀬崎のモ場は、岸から200m以内に沿岸に並行して形成されています。そこは明らかに波浪の影響、特に夏場の南西の風向を強く受けていることを示しています。構成種はほぼリュウキュウスガモとベニアマモからなり、その2種は沖縄島西沿岸域の海草モ場を代表する種類です。

　その実態は、後で論議しますが、海草モ場を埋立て消失させた分を別の場所で新たに造成することが困難であることを示しています。

　私の知る限り、消失した海草モ場面積を別な場所で人工的に造成された事例はありません。

礁縁から汀線に向かう波高の減衰と海草モ場の関係

　サンゴ礁の礁縁が天然の防波堤になり、波高を減衰させることはよく知られ

ています。それを示す波高観測が久米島で計測されています（沖縄県 1998）。

　測定された位置は久米島町真泊（図 142 に矢印で示す）。礁斜面に電磁流速波高計が設置されて、礁原から岸辺までの波高の減衰率が数値で示された数少ない実測例です。深所の海水を汲み上げる太い管を敷設するための事前調査の一環で実施されたのですが、その実測値は海草モ場研究の貴重な基礎資料を提供しました。実際に測定された状況を見ると、波高測定機器は礁原に設置できないので、礁斜面に設置されています。したがって、礁原における実際の波高はそれより高いので、実際の減衰率はさらに大きくなります。実測値は、礁斜面で最高波 1.5m のとき、そこから約 600m 離れたモ場の前縁では、その計測値の 1/7 以下の約 0.2m に減衰しました。

　航空写真を用いると一目瞭然ですが、一般的に海草モ場の前縁の位置は、礁を横断する距離の中程から岸寄りにあります（図 130 参照）。また、波浪が強く押し寄せる地先のモ場の幅は狭くなります。さらに、岸から礁縁まで横断する距離約 150m 以下の沿岸では、海草モ場は形成されていません。その理由は、波浪が強い場所では波による撹乱で海草は定着できないからです。そのことから**波浪の強さが海草の生育を制限する主な要因だと分かります。**

　話は前後しますが、波浪の強さと海草の生育の関係については、第Ⅰ章オキナワモズクの項で、1980 年前半、南城市（旧知念村）でサンゴ礁の中央部で薄い生育密度のマツバウミジグサをみつけ、それを目安に海底の安定度を推測し、結果的に「もずく養殖漁場の拡大」につなげたことを紹介しました。つまりマツバウミジグサが生育している砂場は波浪が安定しているとみなし、支柱（鉄筋）を立てても大丈夫と判断したのです。その当時の状況を補足すると、以下の経緯がありました。知念での調査の前に、恩納村屋嘉田潟原（図 103 参照）において、モ場とその周辺で 200m ごとの四方（碁盤目状）に杭を打ち込み、それを標尺柱にする簡易な方法で海底砂の移動量を測定し、深さ約 3cm 以下で海草モ場は安定し、約 8cm 以上掘削されると地下根茎が除去されるという目安を得ていました（当真ら 1978）。それから 10 数年後、実際、久米島の広いサンゴ礁で波高が測定されて、波高がモ場に到達するまで計測されて、減衰率を知る現場に立ち合ったことに、不思議な縁を感じたものです。

海草モ場の掘削と修復

　海草モ場の中が削られて凹み砂地が露出する、いわゆるパッチ状を形成することが観察されています（図132）。それは主に冬季の強い北東季節風の影響で生じます。パッチ状が形成される様子を概略図で示します（図133）。
　夏季になると逆に南西季節風が吹くので、その状態は揺り戻されてしだい

図132　①海草モ場の中のパッチ状（糸満市名城　2009年）：②底部で地下茎が伸びそこから葉が出る栄養繁殖で修復される様子（地理的位置　図99参照）

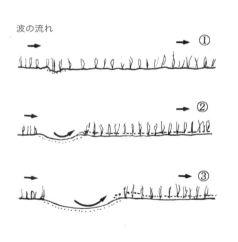

図133　海草モ場の中でパッチ状の窪み（裸地）ができる過程（概略図）
　①→②→③と進みパッチ状になる　（右上）窪みの端、茎が露出（右下）栄養繁殖により修復中の状態

に復元されます。それと似た状態が大きな規模で観察されています。1995年2月石垣島から那覇へ向かう帰途、多良間島に立ち寄った際、飛行機の窓から広い海草モ場の中に大規模なパッチ状がたくさん見えました。現場へ出向いてみたところ、パッチ状の底部にベニアマモが地下茎を伸ばし修復途中の状態がありました（図134）。他方、国頭村伊部湾（図98）で、ジュゴンの食み跡が発見され、その底部において栄養繁殖で修復中の状態が認められています（図135）。このように海草モ場内の空地を栄養繁殖により復元する機能に植物の合理的性が見て取れます。

図134　海草モ場の中のパッチ状（宮古諸島多良間島　1995年2月）：①飛行機から見えた多数のパッチ状：②海草モ場の中の巨大パッチ状：③底部で伸長するベニアマモの地下茎

図135　①ジュゴンの食み跡（トレンチ）：②食み跡で地下茎が伸びている状態（国頭村伊部　1997年12月　棚原盛秀氏提供　地理的位置図98参照）

海草モ場を航空写真から読みとる

　航空写真（1/10,000）を用いた海草モ場の研究で、小規模の状態がどのように見えるか、また、それから読み取れる情報をいかに活用するか、というアプローチは重要です。いくつかの実例でみてみましょう。

　名護市安部湾と嘉陽の写真は、矢印の縞模様が海草モ場で、小湾の奥部にポケット浜がみえます（図136）。安部湾のモ場位置が普通と違うのは、湾口に形成されている岩礁の影響によると考えられます。

図136　名護市安部湾のモ場（矢印）　　図137　内湾へ侵入するうねりの概念図（前出）

　国頭村楚洲湾（約73ha）は、ポケット状になる小さな湾です。確かにそこに海草モ場約5 haがありました（図138①）。過去形で記したのは、現在、そこにモ場は存在していないからです。かつてその海草モ場の存在を基に、湾内の生育環境を比較的静穏と評価しました（当真1991）。

　前に引用した報告（コーナー1968、タイト1990ほか）によると、湾の外部から寄せる波浪、つまり湾に並行的に到達した波浪は左右の岬で垂直的に集中して険しくなり、湾奥部でゆるやかになります（図137）。それによると、楚洲の湾内は比較的静穏になる条件を満たしています。

　しかし2019年現在で見ると、湾中央に縦に伸びる消波堤があり、その長さは190mです（図138②　Googleアースにより推測）。2003年の約140mから約50m延長されています（当真　2012では、その長さを170mとしたが140mに修正）。消波堤は、強い波の影響を抑えるため造成されたものです。かつてモ場調査か

 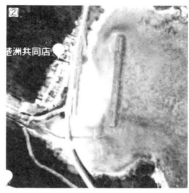

図138 ①国頭村楚洲湾（1977年）中央部の縞模様は海草モ場（約5ha）。河口閉鎖はまだ起きていない頃：② 2019年の様子（Google社提供）湾内の長い縦棒は大規模な消波堤

ら2、3年経過した1986年に楚洲湾を再訪したところ、海草モ場の上に大規模な消波堤が造成された景観に遭遇して、ひじょうに驚き困惑しました。海草モ場の存在をもとに楚洲湾を比較的静穏とみる私の仮説に、後に造成された消波堤の存在は、まさに立ちふさがった難問であり、その謎を解くのに15年要しました。

それを解くヒントをもたらしたのは米軍による1944年9月撮影の白黒の航空写真（沖縄出版1988）と1977年撮影のカラー航空写真でした（図138①）。1977年当時の楚洲川の河口域がかなり広いことに着目し検討したところ、1986~87年頃、川幅を狭隘化させたことが河口閉鎖を誘発し、湾内の波浪環境に負荷を与え、大規模消波堤の造成へつながった（当真2012）。つまり**楚洲湾に流入する楚洲川の川口域を狭めた施工に起因して、河口閉鎖を誘発し、それが後に湾内に想定外の負荷を与え、湾全体の生態系を混乱させたと読み解きました**。小規模の湾と広い川幅の楚洲川口域は一体で、そこには悠久の時間をかけて創り上げられた自然の摂理があったとみてよいでしょう。

現在、そこは大規模な消波堤と堅牢な護岸が造成されて、あの優れた自然景観を失いました。その見方は、沖縄島北部安田川、伊部川などの河口域で認められる環境へ負荷を与えている状況の解釈にも適応します。このような経緯で楚洲湾は、海草モ場の存在から地先の環境が読めることを立証した場所になり

ました。

　このあり様を見るまでもなく、壊した自然は元に戻らない。自然の沿岸地形を改変するには周到な検討が必要です。

沖縄本島の海草モ場と面積

　沖縄島のモ場の全面積約 2500ha の 90％が東沿岸に存在します。その理由は、沖縄島の地軸がほぼ 45 度傾き存在することで、東沿岸部は島自体が冬季季節風を遮蔽し、海底砂の移動量が抑制される面積が広いと推測されます。その見方は、既に紹介したイワノリ類とハナフノリと相互補完する関係にあります。それを簡略的に示します（図 139）。●印はイワノリ類が生育する沿岸。太い黒い棒状はイワノリ類の生育していない沿岸です。そこでは北東季節風の影響が薄れることを示しています。同じ見方で、東沿岸の金武湾と中城湾の北側、薄黒いシートで囲まれた範囲はより静穏域とみなされます。

　ここまで記述して、2007 年頃の金武湾奥部の屋嘉の付近で、自然海岸を人工海岸化する工事が盛んに行われていたことを思いだし、2018 年 3 月出向いてみたところ、金武湾奥の北にあった海草モ場は既に埋立られて堅固な遊歩道と漁港に様変わりしていました。金武湾の海草モ場はほぼ全て消滅したようです。かつてあったモ場の主な構成種はリュウキュウアマモ、ボウバアマモ、ウミジグサでしたが、それを拠りどころに湾奥部を比較的静穏とみなしていました。湾内のモ場が消滅したことは、こうした金武湾の全容を知るてがかりを失ったといえます。

　沿岸地形の改変は、自然地形のもたらす恩恵を理解し最小限に抑えるべきですが、海草モ場の価値が理解されないまま無造作に埋め立る公共工事が優先されています。**一般的に、海岸線が単純化されると生物にとっての生息（育）場所の多様性は失われ、地先の基礎生産力は低下すると言われています。**「多様性が失われる」ことの意味は大きいのですが、人はそこに関心が向かないようです。

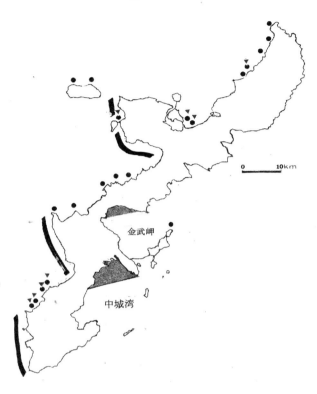

図 139　沖縄島東沿岸域が静穏になる場所
　黒点はイワノリ類の生育する地先、西沿岸の3つの黒い棒は、紅　藻イワノリ類、ハナフノリが生育していない沿岸を示す。金武湾と中城湾の網目は、静穏性をより増す範囲を示す

消失させた金武湾の海草モ場は自然回復するか

　金武岬と沖縄電力、そして屋嘉を結ぶトライアングルの範囲内にあった海草モ場はほぼ消失したようです。そこには注目すべき実態があります。埋め立後、約10年経過しても、海草帯は復元していない。その実態は**"海草モ場のあるべき場所を消滅させた"**と言い換えてよいでしょう。

　次により大きなスケールで眺めてみよう。金武湾内と中城湾内の北部の熱田と勝連半島平敷屋を結ぶ範囲は、冬季の北東風の影響を勝連半島に拠り遮蔽されて、そこにモ場が形成されています。ところがそこではこの10数年、海草

モ場のある浅い海を埋立て陸地化する作業が行われています。ここに至っても本来モ場が潜在的にもっている価値が正しく評価されていないようです。

　一方、西沿岸域ではどうでしょうか。糸満市名城地先（図140）には大きな海草モ場が存在しています。その一帯は北東季節風の影響が陸地形により遮蔽され、さらに広大なサンゴ礁に囲まれて保護されているという条件を有しています。那覇空港地先（大嶺）もほぼ同様です。現在、そこは新たな飛行場造成中ですが、海草モ場の大部分が消失したようです。

　対照的に、同じ西沿岸域の北部、屋我地島北東に面する海草モ場（図140）は、そこは広大なサンゴ礁に囲まれていますが、地形的に見るとそこは北東季節風の影響をまともに強く受けます。海草帯が岸辺に片寄りに長くて細い形をして存在しているのは、それの影響と考えてよいでしょう。そこでは岸寄りに乾燥に強いコアマモ、マツバウミジグサが帯状で拡がっています（図118③、図120③参照）。前述のように地形的な条件で砂が岸辺に押し寄せてくるので、その付近は必然的に浅くなります。それが前2種が優先している理由です。

　このように東西両域のモ場の規模と形を矛盾することなく説明することが可能です。海草モ場の存在をもとに読み解いてみると、モ場の形成には壮大な「自然の摂理」、すなわち島地形と冬季および夏季の季節風の影響、そしてサンゴ礁の広さなどが有機的に関連して成りたっていることが理解できます。

　海草モ場は、潜在的にもつ価値が認められて、それぞれの地先で保護されるべき努力対象であると思います。

各地の海草モ場

　海草モ場の規模を制限している主な要因は、冬季の北東季節風、夏季の南西季節風の影響です。つまりモ場は、海底砂が安定する、静穏な場所に形成されています。そしてモ場は普通数種で構成されていますが、特徴的に地先の生育環境を反映して構成種に相違が認められています。

　そこで沖縄本島、久米島、宮古島、石垣島、そして西表島の地図にそれぞれのモ場の位置と主な構成種を記載して、全体的な傾向を見ることにします（図140〜144）。

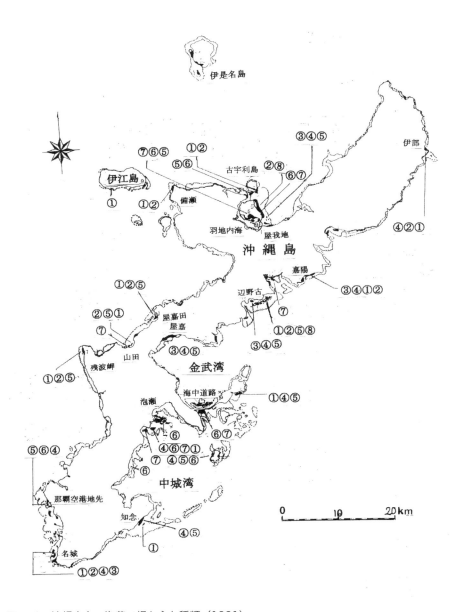

図140　沖縄本島の海草モ場と主な種類（1991）
　①リュウキュウスガモ　②ベニアマモ　③リュウキュウアマモ　④ボウバアマモ　⑤ウミジグサ
　⑥マツバウミジグサ　⑦コアマモ　⑧オオウミヒルモ

沖縄島の海草モ場

　沖縄島の中央部の東沿岸域には、これまで述べた理由により、大きな規模のモ場が形成されています。すなわち西海岸でモ場がある所は糸満市名城（31ha）、屋嘉田潟原（約28ha）と残波岬に小規模、そして屋我地（19ha）ですが、東海岸では辺野古〜宜野座（約357ha）、屋嘉（123ha, 2008年頃消滅）、本島と平安座島を結ぶ海中道路周辺〜宮城島（約340ha）、そして中城湾の泡瀬〜熱田（約266ha）に大きなモ場があります。

　ここでは誰が見ても明らかなように、モ場を構成している主な種はリュウキュウスガモとベニアマモです。つぎに目立つのは、海中道路の南側ではマツバウミジグサ、コアマモ、ついでウミジグサが優先しています。そこから種の特徴がよく分かります。似たような閉鎖性の環境、例えば、中城湾奥の渡口地先、北部の羽地内海で同様な状態が顕著に認められています。

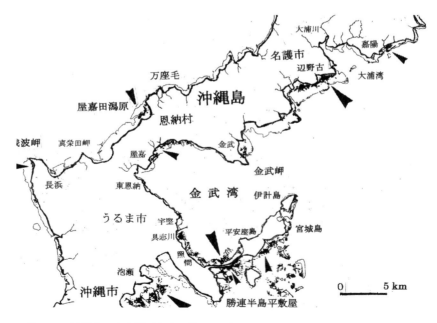

図141　沖縄島の中央部（行政区分でない）の主な海草モ場の位置（矢頭）

148　第Ⅱ章　沖縄に生育する全ての海草と海草モ場について

久米島の海草モ場と主な種類

　久米島の航空写真（1992）から読み取ったモ場面積は約 12.4ha。イーフビーチの前は水深 12~15m からなる広い礁湖（ラグーン）に囲まれて静穏度が高い。ボウバアマモとリュウキュウアマモを主とする構成種は、その一帯の静穏度の生育環境をよく反映しています。

　一方、島の西の儀間のモ場の規模は小さく、構成種を見るとベニアマモの多い個所がみえますが、全体的に見るとマツバウミジグサとウミジグサが主体です。海底は細かい砂泥状で、透明度はかなり低く、陸域から大量の土砂が流入している状態です。そのため航空写真からモ場輪郭ははっきりしない。

　儀間川上流の土地改良事業により大量の陸土が礁池へ流入して、干瀬に囲まれた地形的条件が透明度の低下をもたらしています。サンゴ礁の環境は陸と一体不可分であることを示しています（新納ら 1981、西平 1981）。

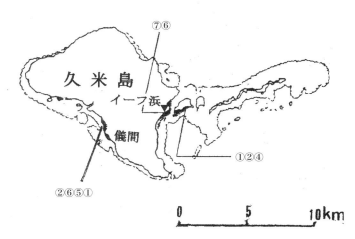

図 142　久米島の海草モ場と主な構成種（1992）
　　丸囲い込み数字は図 140 に準ずる。矢印は波高が実測された真謝地先

宮古島・伊良部島の海草モ場と主な種類

　留意すべき点は、**先島諸島の季節風の向きは、冬季は東、夏季は西に変わる**ということです。それは先島諸島の海の生物を調べる際、まっ先に押えておくべき事項です。与那覇湾は、面積約860ha、最深部5.4mは北西に開口し、その奥深く浸入するので、干潮時にはその3/4が干潟になります。宮古島の海草モ場の全面積は約302ha（内訳；与那覇湾外約199ha、湾内約46ha）。与那覇湾は湾内から湾外にかけて大規模な海草モ場が形成されています。その主な理由は、宮古島自体が強い冬季の東季節風の影響を軽減していると推測されます。湾内でコアマモが優占的に生育し、湾外ではリュウキュウアマモ、ボウバアマモなど優占しています。大潮干潮時に長時間露出して、ボウバアマモの生育限度を超えると葉が縦裂するのを観察しました（図143）。湾奥部は有名になったクビレズタ（海ぶどう）の密生する自生地です。与那覇湾は全体的に魚介類の隠れ場、保育場になり、外洋が荒れていても静穏な湾内は、昔から食料を供給する漁場として利用されてきました。いわば天然の食糧貯蔵庫の役割を担っていたのです。宮古島北端の狩俣湾、その下部に位置する大浦湾の海草モ場はポケット浜になる条件で形成されています。同様、伊良部島の海草モ場約13.8haは2つの岬の間にあり、静穏なポケット状で形成されています。

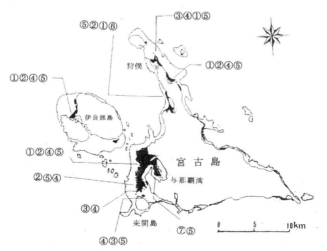

図143　宮古島と伊良部島の海草モ場と構成種（1993）丸囲み数字は図140に準ずる

石垣島と西表島の海草モ場と種類

　石垣島のモ場面積は約 394ha で、名蔵湾と登野城に大きなモ場があります。西表島（約 894ha）、船浦（275ha）、小浜島（約 106ha）、黒島（約 33ha）などでいずれも広い面積を占めています（当真ら 1993 年）。

　熱帯性のウミショウブ（図125）は、石垣島では伊土名、川平湾にわずかに生育し、西表島では普通に生育しています。特に崎山湾、西表島の西部で大きな規模のモ場をつくっています。鳩間島、小浜島、波照間島にわずか生えています。

　ウミショウブはその辺を分布の北限とし、植物地理的にみればそこが熱帯との境界を示唆して興味深い。また温帯性のコアマモが南下して船浦の浅いところに多く生育しています。マツバウミジグサが浅い砂場で優占しています。それは耐乾燥性と関係しています。

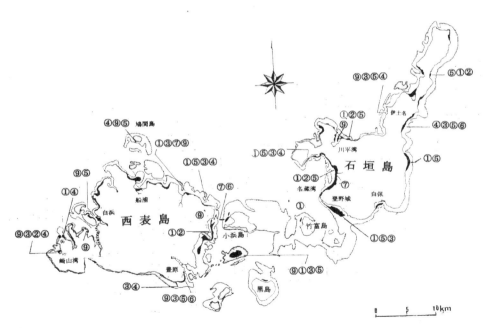

図144　石垣島と西表島の海草モ場と構成種（1993）　囲み数字は図140に準ずる。⑨はウミショウブ

コラム11　ジュゴンの餌はザングサ

　10数年前、辺野古米軍基地造成の沿岸埋立てに絡んで、海草類がジュゴンの餌になるとして話題になりました。ジュゴンのことを沖縄の方言でザンヌイユ（イユ＝魚の意）、また、海草をザングサ（サシグサ、刺し草？）と呼ぶことでみると、昔から海草がジュゴンの餌として認知されていたようです。戦後間もない頃の話によると、浜でジュゴンが海草を食む時に発する音が聞こえたそうです。また昼間、ジュゴンがサンゴ礁内の深みでじっとしている姿を複数の人が見ています。その頃のジュゴンの警戒心は薄かったかもしれません。図145（右）に示す海草モ場内に残る蛇行する溝（トレンチ）はジュゴンが砂ごとすき取り、砂をふるい落として食べた痕跡です。そこは地下茎が端から伸びて修復される。いわゆる栄養繁殖で増える。なお、ザンとは、動物のサイが訛ったものと民俗学者の谷川健一氏は記述しています（1998）。

図145　（左）ジュゴン。名護市嘉陽の定置網で捕獲され、1979年海中公園の大型水槽で33日間生きた（著者撮影）：（右）回復途中のトレンチ。縄（矢印）は調査の目印（名護市嘉陽　2007年10月　棚原盛秀氏提供）

コラム12　コアマモとマツバウミジグサの耐乾燥性

　観察した場所は、那覇空港近くの瀬長島と本島を結ぶ道路脇の湿地帯。1980年代、そこにオキナワアナジャコ（甲殻類）が巣を多数つくっていました。巣は特徴的に約20cm盛り上がり、中心部の穴に海水がたまっていて、穴の主はそこから出入りします（図146）。干潮時の巣の斜面をみると海草が生えていて、上の方からコアマモ、マツバウミジグサ、そして水面下でリュウキュウスガモが続いていました。その状態は3種の耐乾燥性の順位を示しています。よくみると穴の出入口にも前2種が生えていました。湿地帯は降雨にさらされるので、その2種は広塩性で、リュウキュウスガモは比較的に広塩性と推測されます。

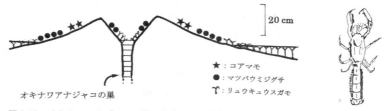

図146　オキナワアナジャコの巣と海草3種の生育状態：（右）オキナワアナジャコ

海草モ場の構成種から地先の環境を読むことは可能か

　これまで紹介した例から分かるように、海草モ場の存在するところは比較的静穏とみなしてよい。その規模と構成種は地先の環境を反映しています。その見方で生育環境を類型化したのが表3です。

　実際、海草モ場の前に立ち、あるいは浜辺に打ち寄せる種類から構成種を判別し、そして、サンゴ礁地形、陸地形を見回し、表3に区分された位置の妥当性を検討するのもよい体験になります。

　ただし、この指標性は沖縄諸島において適応します。先島諸島でやや不明瞭になる理由は、生育の北限に近い沖縄諸島で、より種の特性が現れるようです。先島の指標性を新たに工夫して作成するのもよいと思います。

　本文中から具体例を拾うと、沖縄本島のモ場の構成種はリュウキュウスガモ、ベニアマモが主体です（図124、121）。とくに本部半島備瀬崎、恩納村屋嘉田潟原ではその2種が優勢しています。それを表3で見ると、その両地先は準開放性の沿岸とみなされます。屋嘉田潟原を補足すると（2012年2月現在）干潟内部でコアマモ帯の占める面積が増えています。それは以前と比べて、閉鎖性が増していることを示唆しています．

　リュウキュウアマモ、ボウバアマモの2種は沖縄本島の東沿岸域で普通に生育していますが、西沿岸域では糸満市名城、屋我地など3個所で生育します。

表3　琉球列島に生育するウミヒルモ属を除く海草8種の類型化

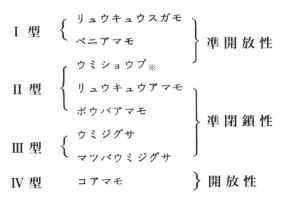

※ウミショウブは石垣島・西表島を生育の北限とする熱帯性の海草

分かりやすい例として、広大なサンゴ礁に囲まれた糸満市名城の奥部でボウバアマモ主体の場所が見られます（図123）。

　名護市屋我地にはボウバアマモとリュウキュウアマモがまとまって存在する場所があります。さらに特徴的な事例として、久米島イーフビーチ前の海草場はその両種が主な構成種です。浜を散歩すると容易にそれらを見ることができます。それらの生育状態は広大なサンゴ礁の静穏な生育環境を反映しています（図142）。

　コアマモは、宮古島与那覇湾奥部のような閉鎖性の強い場所で普通に生育しています（図118、143）。

　マツバウミジグサは閉鎖性から準開放性の場所まで広く薄く生育しています。特に閉鎖性で干上がる場所を好適生育場にしています。それらの傾向が図図140 ～ 144にみえます。

埋め立てにより消滅した海草モ場を他所で人工造成できるか？

　この視点から島嶼の海草モ場を調査・研究した報告は見当りません。したがってそれの答えをみつけるのは容易ではありません。ここでは観察した事例をもとに解説します。

　結論を先に言えば成功する確率はかなり低いといえます。前述したように、沖縄島の全海草モ場の面積のうち、約90％を東沿岸域に存在しています。その理由を沖縄島がほぼ45度傾斜して存在している実態に加えて、冬季の強い北東季節風と夏季の南西季節風の影響が関連していることに依拠しています。具体的例として、本部町備瀬崎の海草モ場は約40年にわたり、ほぼ同じ規模で維持されていることを示しました（図130）。その形が岸にほぼ並行に偏圧された状態にあるのは、冬季季節風の影響を岬が遮蔽し、また、広大なサンゴ礁が夏季の季節風による強い波（吹送流）を減衰させているとした。その見方は、海草モ場の形状はその地先の環境条件を体現し**" 海草モ場はあるべきところに存在している "**とみなすよい証しになります。

　さらによい事例があります。中城湾内の熱田と勝連半島平敷屋に囲まれた地先に大きな海草モ場があります。そこは冬季の北東季節風、夏季の南西季節風の影響からよく遮蔽されています。また、金武湾内の海草モ場は金武岬で遮蔽

154　第Ⅱ章　沖縄に生育する全ての海草と海草モ場について

されている範囲にありました（図140）。過去形で記したのは、金武湾屋嘉の海草モ場は約10年前の沿岸埋立てにより消滅したからです。埋立て後の地先で、10年以上経過したが海草帯は復元していないという実態に注目すると、そこは**"海草モ場のあるべき場所を消滅させた"**と言いかえてよいでしょう。

　話は前後しますが、中城湾の前述の範囲内で2019年現在、約35ha以上の大規模な埋め立てによりモ場が消滅しています（Googleアースより推測）。こうした工事をスムーズに運ぶ手法として、ときどき話題になるのが、消滅させた海草モ場の規模を他の場所で造成可能とする論法です。

　しかしながら、例えば勝連半島の遮蔽効果が薄れる南側でモ場造成を試みるならば、成功する確率はかなり低いといえます。理由は、既述したように、そこはモ場が維持される条件を満たしていないと推測できるからです。そもそもモ場を人為的に造成する場所を選択するのが難しいのです。仮に、現存するモ場の片すみで小規模の人工モ場造成に試験的に成功したしても、それを論拠にどこでもモ場造が成可能とすることには無理があります。

　視点をかえてみると、本部半島備瀬崎、金武湾の屋嘉の事例は、数値で示すよりかえって分かりやすい。その他に多くの事例があります。海草モ場の存在から周辺の沿岸の環境を読み解くことに妥当性があります。**海草モ場は生物資源としての重要性に加えて、有効な植物指標になります。**

155

コラム 13　植物画

　コラムの最後は植物画のはなしです。高性能のカメラが出現する以前は、標本を手書きで描写するのが主流でした。それの長所は対象物を長い時間かけて顕微鏡をのぞくので、細部をよく観察できることです。ここに取り上げた描画は、潮だまり（タイドプール）で普通に見かける種です。本書の海藻図集に載せたミズタマ（緑）、ウチワサボテングサ（緑）、ウスユキウチワ（褐）、ラッパモク（褐）、ホソバガラガラ（紅）、ホソバナミノハナ（紅）、ハイテングサ（紅）の生態写真と植物画を対比すると、それぞれの特徴が分かります。また、ハイテングサ（紅）は岸辺

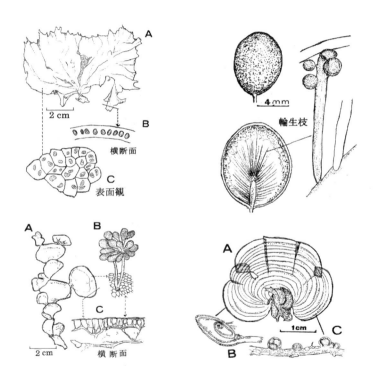

図147　海藻9種の植物画
　①ヒトエグサ（緑）、B 横断面、C 表面観：②ミズタマ（緑）：③ウチワサボテングサ（緑）、B 配偶子嚢、C 横断面：④ウスユキウチワ（褐）、B 縁辺の横断面、C 各毛線帯に四分胞子嚢群を形成し、同心円状になる

の岩を覆い密生する種で中は粘液質が詰まっています。それは小さな貝類の餌になります。

ホソバガラガラ（紅）はやや深い岩の側面に疎に群生する美しい種で、「海藻おしば」のよい材料になります。さらにヒトエグサとイワノリ類は、第Ⅰ章のヒトエグサ（図14）とイワノリ類（図96）の説明を補います。

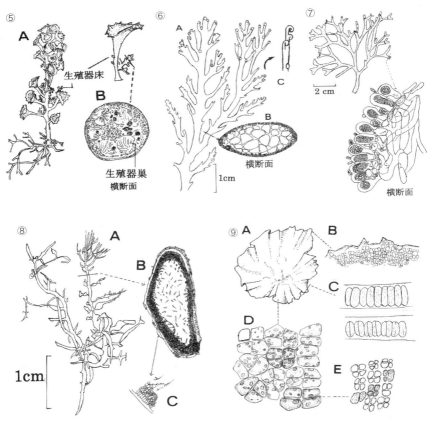

⑤ラッパモク（褐）：⑥ホソバナミノハナ（紅）、先端は反巻する：⑦ホソバガラガラ（紅）、未成熟の四分胞子嚢をつける横断面：⑧ハイテングサ：⑨イワノリ類；A葉状体（配偶体）、B縁辺の鋸歯、C横断面、栄養細胞（精子嚢または造果器を作る前）、D・Eは表面観

157

おわりに

　沖縄諸島、先島諸島の島じまはサンゴ礁に囲まれた環境にあり、海の生物は多彩で魅力に満ちています。沖縄島 (約1200km²) は、海の植物の生態を観察するのにつごうのよい大きさです。いろいろな生育環境が身近にあり、そこは生物間の相互関係を見るのに適しています。先島諸島も、自然を学習するのに都合のよい場所がいっぱいあります。

　これまで比較的、地味な存在と思われていた海藻・海草は、人の生活と沿岸の環境に深く関わっています。サンゴ礁が広がる礁池（イノー）を観察する上で、海藻・海草は、安全で自然環境を学ぶのにとてもいい材料です。慣れてくると、海草モ場の存在を基に、その周辺の環境を読み解くことが可能になります。そうなると野外に出て海辺や小高い丘から、自分なりの指標で科学的に観察できるようになり、これまでとは違う角度から景観を眺め楽しむことができます。

　本書を通して、日常生活とはほど遠い存在だった海草モ場が、沖縄の自然を考えるうえでとても貴重な存在であるということが分かってもらえたら幸いです。

　本書をまとめるに際し、30年ぶりにヒジキの生育地を一年間観察しました。途中、ヒジキと混生する被覆性の紅藻カイノリと稀少種のジュウタンシオグサ、ナンキガラガラを福井県立大学（現東京海洋大学）の神谷充伸先生に同定賜り、その後の調査を興味深く進めることがでました。不明の標本の名前を知ることの喜びはひじょうに大きい。著者の海藻・海草研究は約40年に及びますが、その間、種の同定で長年にわたり北海道大学名誉教授の吉田忠生先生から懇切なご指導賜りました。さらに多くの専門家からご指導も賜りました。また、このたびも友人の棚原盛秀氏、岩永登志雄氏から貴重な資料の提供を賜りました。ここに記して厚くお礼申し上げます。そして、出版を勧めていただき、編集にご尽力いただいたボーダーインクの新城和博氏に感謝いたします。

著者

参考文献

第Ⅰ章

Abbott I. A., and Dawson E. Y., (1956) how to know the Seaweeds. WCB McGraw-HILL.

新井省吾（1993）*Hijikia fusiformis*（Harvey）Okamura（ヒジキ）. 堀 輝三（編）, 生活史集成 , 第 2 巻 , 褐藻・紅藻類 , pp.166-167. 内田老鶴圃 .

新崎盛敏・新崎輝子（1978）海藻のはなし . 東海大学出版会 .

コーナー ,E. J. H. / 大場秀章・能城修一（共訳）植物の起源と進化 .（1989）八坂書房 , 340 pp.[原著 Corner,E. J. H.,（1964）The Life of Plants.The Univ. of Chicago Press]

Christiaan van den Hoek, C. and M. Chihara(2000) A taxonomic revision of the marine species of *Cladophora* (Chorophyta) along the coast of Japan and Rossian Far-East. National Musium Monographs, Tokyo 19：1-246.

Crossland, C. J. (1980) Dissolved nutrients in reef waters of Sesoko Island Okinawa a preliminary study. Galaxaea.I. 47-54.

デイビイッド・ラファエリ＆ステイーブン・ホーキンズ /（朝倉彰訳）(1999) 潮間帯の生態学（上）, 文一出版 , 311pp.[原著 David Raffaelli & Stephen Hawkins（1996）Intertidal Ecology.Chapman & Hall.]

デイビイッド・ラファエリ＆ステイーブン・ホーキンズ (1996) /（朝倉彰訳）(1999) 潮間帯の生態学（下）, 文一出版 .

ダーリー W. M., / 手塚泰彦・渡辺泰徳・渡辺真理子（共訳）(1987) 藻類の生理生態学 , 基礎微生物学 9 . 培風館 .[原著 Darley, W. M.,（1982）Basic Macrobiology,Vol.9, A Physiological Approach. Blackwell Scientific Publ.]

榎本幸人・石原純子 (1993) Caulerpa okamurae Weber-van Bosse (in K.Okamura 1987)（フサイワズタ）. 堀 輝三（編）, 生活史集成 . 第 1 巻 . 緑藻 , pp.270-271. 内田老鶴圃.

広瀬 弘幸 (1975) 藻類学総説 . 内田老鶴圃新社.

生沢均・寺園隆一 (1992) 南西諸島における風の特性について . 沖縄県林業試験場 , 研究報告 , No.35, 58-70.

石川依久子（2002）人も環境も藻類から . 裳華房 .

石川茂雄（1969）生活の中の生物学 . 廣川書店 .

飯泉 仁 (1989) 海草類の栄養塩類の取り込みについて . 月刊海洋 .21(6)317-321.

伊野波盛仁・田場典秀・当真武・新里喜信・上原孝喜 (1975) 珊瑚礁内海域における養殖漁場開発の研究（漁場改良・造成）. 水産庁指定調査研究総合助成事業 沖縄県水産試験場 .

伊藤嘉昭 (1977) 生活史の起源 (2)・新しい生活史学のための覚書き . 生物科学 .29(2)57-61, 岩波書店 .

柿澤 寛・楠見武徳・浅利文香・当真 武（1986）褐藻オキナワモズクの示すアレロパシー様作用について . 日本藻類学会第 10 回大会講演要旨 ,p.46.

Kakisawa, H. T. Kusumi, F. Asari, T. Toma, T. Sakurai, T. Ofusa, Y. Hara, and M. Chihara. (1988) An Allelopathic fatty acid from the brown alga ladosiphon okamuranus.Phytochemistry, 27:731-735.

カオリ・オコナー / 瀧和子（訳）(2018) 海藻の歴史 . 原書房 , 199pp.[原著 Kaori O' Connor (2017) Seaweed:A global history.Reaction Books Lated.]

Klaus, Luning (1990) Seaweeds.Their Environment,Biogeography, and Ecophysiology. A Wiley・Interscience Pub.Jhon Wiley & Sons,Inc.pp.527.

香村真徳 (1963) 琉球列島海藻知見（Ⅰ）. 藻類 10(1):17-23.

香村真徳 (1979) 沖縄島産ヒジキの生態学的研究 . 藻場（ガラモ場）の生態の総合的研（代表者梅崎勇）, 48-50. 昭和 52 年度文部省科学研究費補助金（総合研究 A）研究成果報告書 .

香村真徳・久場安次 (1986) 海藻 . 全国大会記念誌 , 沖縄の生物 , 沖縄生物教育研究会 ,57-66.

菊池則夫（2012）紅藻ウシケノリ目の属の再編ついて . 藻類 , 60,145-148.

喜田和四郎 (1993) *Monostroma latissinum* (Kutzing) Wittrock (ヒトエグサ). 堀 輝三 (編), 生活史集成 . 第 1 巻 . 緑藻 , pp122-123, 内田老鶴圃 .

Louis D, Druehl (2001) Pacific Seaweeds. A guide to Common Seaweeds of the West Coast. Harbour Publishing

増田好雄（編著）（1988）絵とき植物生理学入門 . オーム社 .

Mondragon, J. & J. Mondragon (2003) Seaweeds of the Pacific Coast.(Common marine algae from Alaska to Baja California).Sea Challengers.pp.97.

右田清治・四井敏雄（1972）モズク増殖に関する基礎研究 - Ⅰ . モズクの生活環について。長崎大学水産学部紀要 , 34:51-62.

右田清治・当真武 (1987) 緑藻アミアオサの生活史 . 長崎大学水産学部研報 , 第 62 号 ,9-15.

諸見里聡（1988）オキナワモズク盤状体のフリー化および施肥効果試験 . 平成 15 年度沖縄県水事報 ,128-140.

長嶺竹明・伊波匡彦・伊藤麻由子（2019）オキナワモズクとフコイダン . 沖縄イニシャチブ .

中村　運 (2001) 形からみた生物学（形態と機能のかかわり）. 培風館 .

西島信昇（1988）漁場としてのサンゴ礁 . 西平守孝（編）, 沖縄のサンゴ礁 , pp.191-207. 沖縄県環境科学検査センター .

西澤一俊（1989）海藻学入門 . 講談社 .

西平守孝（1974）沖縄の潮間帯 -1974. 琉大海洋保全研究会 .

西平守孝（1975）八重山の潮間帯 -1975. 琉大海洋保全研究会 .

西平守孝（1988）サンゴ礁とのかかわり . 西平守孝（編）, 沖縄のサンゴ礁 , pp.3-15.

日本藻類学会 編 (2016)、海藻の疑問 50. 成山堂書店 .

野登谷正浩（2002）海苔という生き物 . 成山堂書店 .

大葉英雄（1995）海藻類の生活史解明―緑藻ミル型生活史とは何だろうか― . 平成 6 年度科学研究費補助金（一般研究費 C）研究成果報告書 ,37pp.+8PLs.

大葉英雄 (2011), サンゴ礁の植物たち . 日本サンゴ礁学会（編）, 鈴木款・大葉英雄・土屋誠（責任編集）, サンゴ礁学 (未知なる世界への招待),pp.177-205. 東海大学出版会 .

大出茂・比嘉辰雄 (1983) 中城湾の水質 . 沖縄水産振興に関する海洋基礎調査報告書 . 沖縄協会 ,33-46.

大浦湾生き物マッププロジェクト（2009）大浦湾 .

岡村金太郎 (1956) 日本海藻誌 . 内田老鶴圃 ,964+11pp.

沖縄県文化環境部自然保護課（2003）「ジュゴンのはなし―沖縄のジュゴン」.

沖縄県企画開発部（1998）海洋深層水取水施設環境調査業務（夏季）報告書 . (株) 沖縄環境分析センター .

Oltmanns, F.(1922-1923) Morphologie und Biologie der Algen Ⅰ - Ⅲ .

大房 剛（2007）海藻の栄養学 . 成山堂書店 .

Shimabukuro, H. R. Terada, T. Noro, T. Yoshida (2008) Taxonomic study of two Sargassum species (Fucales Phaeophycea) from Ryukyu Islands sousern Japan:*Sargassm ryukyuennse* sp. Nov. and *Sargassum pinnatuidum* Harvey.Botanical Marina.51:26-33.

島袋寛盛 (2016) 日本産南方系ホンダワラ属 , 23 回目：南日本沿岸域に分布するヒジキ . in 海洋と生物 , vol.38 ,no.4. 444-449.

Stommel, H. and Yoshida, K. (ed.) (1972) "Kuroshio" Its Physical Aspect. Univ. Tokyo Press.

沖縄県自然保護課（1996）沖縄県の絶滅のおそれのある野生生物 .

沖縄県教育委員会（2006）沖縄県史 図説編県土のすがた . 沖縄県 .

沖縄県教育委員会（2015）沖縄県史・各論編 1, 自然編 . 沖縄県 .

沖縄出版編集（1989）航空写真集 オキナワアイランド ,1944-1947. 米軍撮影 .

沖縄県企画開発部（1994）沖縄県勢のあらまし .

新村 巌 (1974) オキナワモズクの養殖に関する研究 - III , 中性複子嚢の遊走子の発生 . 日本水産学会誌 ,40:1212-1222.

新村 巌 (1974) オキナワモズクの養殖に関する研究 - IV , 単子嚢子嚢の遊走子の発生 . 日水誌 ,41:1229-1235.

新村 巌 (1976) オキナワモズクの養殖に関する研究 - V , 配偶子の接合と接合子の発生 , 日水誌 ,42:21-28.

須藤俊造 (1951a) ヒジキの卵・精子の放出及び幼胚の離脱と着生について . 日本水産学会誌 ,17(1) 9-12.

須藤俊造 (1951b) ヒジキの株の生長について . 日水誌 ,17(1)13-14.

玉城泉也・藤吉栄次・藤田雄二・小林正祐・菊池則雄・須藤祐介・山田正之・城間一仁・長嶺巖・大城信弘・当真武・荻原篤志 (2017) 沖縄諸島, 先島諸島おび南大東島で採集された紅藻ツクシアマノリおよびマルバアマノリの形態および DNA 分析 . 水産増殖 , 65(4),293-301.

谷川健一 (1998)「ナイ」という言葉 . 図書 10 月号 . 岩波書店 , 20-21.

タイト , R.V. / 三栖寛 (訳) (1990) 海洋生態学入門 . 九州大学出版会 ,429 pp.[原著 Tait, R. V. (1980) Elements of Marine Ecology. an Introductory Cource.]

時岡隆・原田英司・西村三郎 (1972) 海の生態学 . 築地書館 .

徳田廣・大野正夫・小河久朗 (1989) 海藻資源養殖学 . 緑書房 .

当真武・伊野波盛仁・上原孝喜 (1977) オキナワモズクとその養殖について . 昭和 50 年度沖縄県水試事業報 ,64-68.

当真武・上原孝喜・伊野波盛仁 (1978) 珊瑚礁内海域における藻場造成の研究 （アジモ・ホンダワラ）. 水産庁指定調査研究総合助成事業 , 沖縄県水産試験 .

当真武 (1979) オキナワモズク種苗の大量越夏保存法について . 昭和 54 年度日本水産学会春季大会に講演要旨 ,314.

当真武 (1980) オキナワモズク滲出液の雑藻抑制効果試験 . 昭和 55 年度沖縄県水試事業報 ,161-171.

当真武 (1983) オキナワモズク生産量と漁場形成についての一考察 . 昭和 56 年度沖縄県水試事業報 ,209-215.

当真武・本村浩司 (1983) 沖縄産イバラノリ （*Hypnea charoies* Lamououx）の果胞子発生 . 沖縄生物学会誌 ,21:53-55.

当真武・本村浩司 (1984) 沖縄産イバラノリ （*Hypnea charoies* Lamououx）の四分胞子発生と栄養繁殖 . 沖縄生物学会誌 ,22:95-101.

当真武・本村浩司・大城譲 (1984) 沖縄産ヒジキの増殖に関する生態的研究 . 昭和 57 年度沖縄県水試事業報 ,163-173.

当真 武 (1988) クビレズタ , オキナワモズク , ヒジキ , イワノリ類 , オゴノリ類 , イバラノリ , 諸喜田茂充 (編著), サンゴ礁域の増養殖 , 緑書房 ,pp.47-88.

当真武・渡辺利明・勝俣亜生・久保弘文・平安名盛正・中田幸孝 (1990), 伊江島・水無島礁池内の海底地形と藻場及び有用動物について . 昭和 63 年度沖縄県水試事報 ,pp.138-147.

Toma T. (1991) edited by Shokita S. et al. *Caurelpa lentillifera, Cladosiphon okamuranus, Hizikiya fusiformis.* in Aquaculture in Tropical Areas. Midori Shobou,Tokyo. pp.45-75.

当真武・玉木俊也・具志堅剛 (1991) 沖縄島および周辺離島の海草・ホンダワラ藻場 . 平成元年度沖縄県水試事報 ,131-140.

当真 武 (1991a) 中城村の海藻と海草 . 中城村史 . 第 2 巻 , 自然編 ,(1)pp.174-184.

当真 武 (1991b) クビレズタ . 三浦昭雄 (編著), 有用藻類の栽培 , pp.69-80, 恒星社厚生閣 .

当真武・島袋新巧・佐多忠夫・具志堅剛・近藤忍 (1992) 久米島・慶良間諸島の礁地形と藻場 . 平成 2 年度沖縄県水試事報 ,141-150.

当真 武 (1993a) 沖縄島におけるヒジキの分布と季節的消長 . 平成 3 年度沖縄県水事報 105-116.

当真 武 (1993b) 八重山諸島・宮古諸島の海草藻場 . 平成 3 度沖縄県水試事業報 ,pp.117-129.

当真 武（1994a）紅藻ハナフノリの沖縄諸島における季節的消長と地形的・地理的分布 . 水産増殖 , 42(4)553-561.

当真 武 (1994b) 沖縄産モズク (仮称イトモズク) 種苗のフリー大量培養法と 2・3 の生態的知見 (海藻類養殖の研究). 平成 4 年度沖縄県水試事報 ,119-121.

当真 武（1996）亜熱帯域における有用藻類の生態と養殖に関する研究 . 九州大学学位論文。同論文は沖縄県海洋深層水研究所特別報告書第 1 号 . (2001) として公表 .

当真 武（1999a）紅藻イワノリ類の沖縄諸島における季節的消長と地質的・地理的分布 , 水産増殖 , 47(4)467-479.

当真 武（1999b）フコイダン研究会 (上), モズクの養殖とその生活史 .「魚まち」, 通巻第27 号 ,40-45, 沖縄地域ネットワーク社 .

当真 武 (2004) 沖縄のモズク類養殖の発展史 - 生態解明と養殖技術 . 大野正夫 (編著), 有用海藻誌 , 内田老鶴圃 , 380-410.

当真武・横浜康継 (2011) 沖縄県伊計島とうるま市東恩納で確認されたイワノリ類 (ウシケノリ目紅藻類) と 2・3 の観察記録 . 沖縄生物学会誌 ,49:65-76.

当真 武 (2012) 沖縄の海藻と海草（自然環境・養殖・海藻 250 種）. 出版舎 Mugen.

トレフィル J. S. / 山岸幸江（訳）(1993) 渚と科学 . 地人書館 ,300 pp. [原著 Trefil, J. M. (1987) A Scientist at the Seashore.Charles Scribner's Sons.]

Trono G. C. and T. Toma (1993) Cultivation of the green alga *Caulerpa lentillifera.*" Seweed Cultivation and Marine Lauchin".Kanagawa International Fisheries Training Center and Japan International Cooperation Agency (JAICA). pp.17-23.

津嘉山正光（1968）沖縄島海岸の実態調査 (第 1 報). 琉球大学理工学部紀要工学編 , 1 号81-90.

津嘉山正光（1969）沖縄島海岸の実態調査 (第 2 報). 琉球大学理工学部紀要工学編 , 2 号127-151.

津嘉山正光（1970）沖縄島海岸の実態調査 (第 3 報). 琉球大学理工学部紀要工学編 , 3 号129-153.

植田三郎・岡田喜一 (1938) 海藻の生育深度に関する研究 . 日本水産学会誌 ,7 (4) 229-236.

Uchimura M. Faye E.J. Shimada S. Inoue T. Nakamura Y. (2008) A reassessment of Halophila species (Hydrocharitaceae) diversity with special reference to Japanese representatives. Bot. Mag.51:258-262.

ウイラード・バスカム / 吉田構造・内尾高保 (共訳)(1970) 海洋の科学―海面と海岸の力学 . 河出書房新社 [原著 Willard Bascom (1964) Waves and Beaches. Originaly Published by Anchor Books Doubleday & Company, Inc.]

山里 清（1973）生物地形 . 東京大学出版会 .

Yamamoto H.(1978) Systematic and anatomic study of the genus Gracilaria in Japan Mem.Fac.,Fish.Hokkaido Univ.25(25):97-152.pls.1-49.

Yokohama Y., Hirata T., Missonou T., Tanaka T., and Yokochi H,. (1972) Distribution of green light-harvesting, pigment,siphonaxanthin and siphonein,and their precursors in marine green algae.Jpn.J.Phycol.(Sorui), 40:25-31.

横浜康継（1982）海藻の謎 . 三省堂 .

横浜康継（1986）海藻の分布と環境要因 . 秋山優・有賀祐勝・坂本充・横浜康継（共編）「藻類の生態」, 内田老鶴圃 , 251-308.

横浜康継・野田三千代（1996）海藻おしば . 海游舎 .

横浜康継（2001）海の森の物語 . 新潮社 .

横浜康継（2013）海藻ハンドブック . 文一出版.

横地洋之（1983）西表島産カタメンキリンサイの四分胞子の放出とその発生 . 藻類 ,3134-37.

吉田忠生（1998）新日本海藻誌 . 内田老鶴圃 .

吉田忠生・鈴木雅大・吉永一男（2015）日本海藻目録（2015年改訂版）, 藻類. 63,129-189.
四井敏雄 (1980) モズクの生活環と増殖に関する研究. 長崎水産試験場論文集, 第7集.48pp.
四井敏雄 (1992) ヒジキ. 三浦昭雄（編著）, 食用藻類の栽培. pp.88-93, 厚星社厚生閣.
四井敏雄(1993)*Nemacystus decipiens* (Suringar) Kuckuck（モズク）. 堀 輝三（編） 生活史集成.
　　第2巻. 褐藻・紅藻類. pp.35-37, 内田老鶴圃.

第Ⅱ章
相生啓子(1986)ウミショウブ *Enhaules acoroides* (L.f.)Royle の種子と発芽. 水草研究会, (24)6-7.
ブラウン A. C・マラッカラン A. / 須田有輔・早川康博（共訳）(2002) 砂浜海岸の生態
　　学. 東海大学出版会.[原著 Brown A.C.and McLachlan A.(1990) Ecology of Sandy
　　Shores.]
den Hartog, C. (1970) The Seagrasses of the world. North Holland Publ., Amusterdum,
Fortes, M.D.(1988) Seagrasses: Their Role in Marine Ranching. " Seaweed Cultivation
　　and Marine Ranching". Kanagawa International Fisheries Training Cennter Japan
　　International Cooperation Agency (JAICA). pp.131-151.
原田市太郎 (1974) 水草の形態・細胞などあれこれ. 遺伝,28(8):4-11.
Kuo,J.,J.Kanamoto,T.Toma,M.Nishihira(1995)Occurrence of *Halophira desipiense* Ostenfield
　　(Hydrocharitaceae) in Okinawa Island, Japan. Aquatic Botany,51329-334.
金城清昭(1998)アマモ場とその周辺に着底するフエフキダイ属(*Lethrinnus*) 魚類の生態-Ⅰ.西
　　海区ブロック浅海開発会議魚類研究会報,No.4 19-28.
Larkum A.W.D.,McComb A.J.,Shepherd S.A.(Ed.)(1989) Biology of Seagrasses.A treaties
　　on the biology of seagrasses with special reference to the Australlian region.
　　Elsevier,841pp.
Miki, S.(1932) On the sea-grasses new to Japan. Bot.Mag.Tokyo, 46:774-788.
Miki, S.(1933) On the sea-grasses new to Japan（Ⅰ）. Zostera and Phyllospadix with
　　special marine Hydrocharistaceae.Bot.Mag.Tokyo,47:842-862.
Miki ,S.(1934) On the sea-grasses new to Japan（Ⅱ）. Cymodceae and marine
　　Hydrocharistaceae.Bot.Mag.Tokyo, 48:131-142.
内閣府沖縄総合事務局農林水産統計年報 (2019) 平成31年3月発行,（2017-2018）, 193-
　　199.
新納義馬・宮城康一・武内和彦 (1988) 植生学的にみた島嶼生態系の人為的変革と環境変化
　　―久米島儀間川流域の事例を中心に. 西平守孝（編）, 沖縄のサンゴ礁, pp.23-57.
野中圭介・与那覇健次 (2010) 沖縄島泡瀬産リュウキュウアマモ *Cymodoceae serrulata* の開花過
　　程. 藻類,58,123-128.
野沢治治 (1974) 海の水草. 遺伝, 28(8):43-49.
沖縄県水産試験場 (1976) 与那覇湾漁業資源調査報告書.
沖縄地学会（編著）(1982) 沖縄の島じまをめぐって. 築地書館.
沖縄生物研究会 (1984) 亜熱帯の自然 野外観察のしおり.
沖縄県振興開発室 (1988) トカゲハゼのはなし. (パンフレット資料).
田中剛・野沢治治・野沢ユリ子 (1962) 南西諸島に産する Sea-grass について. 南方資源産業
　　科学研究所報告. 3:105-111 ＋2図版.
当真武・本村浩司・大城譲 (1983) 西表島船浦および周辺離島の海産植物の分布と生態. 西表
　　島水域漁場開発調査結果報告書,pp.37-55. 沖縄総合事務局.
当真 武 (1990) 海草リュウキュウスガモ（トチカガミ科リュウキュウスガモ属）の発芽-海
　　洋生物観察ノート (4). 沖縄生物学会誌.30:59-61.
当真 武 (1999b) 総説 琉球列島の海草―種類と分布. 沖縄生物学会誌.37:75-91.
山本 隆司・当真 武 (1997) 海亀胃内容物調査. 平成7年度沖縄水試事報,227-236.

〈図鑑類〉
新崎盛敏 (1964) 原色海藻検索図鑑 . 北隆館.
千原光雄 (1970) 標準原色図鑑全集 海藻・海浜植物 . 保育社.
千原光雄 (監修) (1963) 学研生物図鑑・海藻 . 学習研究社.
神谷充伸 (監修)・野田三千代 (おしば)・阿部秀樹 (写真) (2012), 海藻 - 日本で見られる
　　388 種の生態写真＋おしば標本 . 誠文堂新光社.
大場達之・宮田昌彦 (2007) 日本海草図譜 . 北海道大学出版会 .
瀬川宗吉 (1956) 原色日本海藻図鑑 . 保育社.
田中次郎・中村康夫 (2004) 基本 284 日本の海藻 . 平凡社.
Tseng, C, K.(ed), (1984) Common seaweeds of China. Science press,,

協力 （敬称略）
Derric Toba (Wshington State Department of Natures USA), （故）石川依久子 （元東京学
芸大学）, 大葉英雄 （HO・元東京海洋大学）, 神谷充伸 （TK・東京海洋大学）, 喜田和四郎 （元
三重大学）, 大野正夫 （元高知大学）, 香村真徳 （KS・元琉球大学）, 神里稔 （元久米島町役場）,
南洋一 （沖縄県海洋水産研究技術開発センター）, 城間宏恒 （沖縄県教育庁）, 玉城章一 （㈲
沖縄農興）, 仲嶺勝 （元恩納村役場）, 上原弘樹 （沖縄県農業大学校）, 内村貴之 （㈱いであ）,
増田道夫 （MM・元北海道大学）, 山城篤 （㈱沖縄環境分析センター）, 横浜康継 （元筑波大学）,
吉田忠生 （TY・元北海道大学）, ㈱沖縄環境分析センター, 沖縄タイムス社

写真・標本提供 （敬称略）
相生啓子 （元東京大学）, 譜久里茂 （潜水士）, 上原秀貴 （（株）沖縄環境分析センター）, 岩
永洋志登 （同）, 海老沢明彦 （沖縄県海洋水産研究技術開発センター）, 大葉英雄 （元東京海
洋大学）, 岸本和雄 （同）, 久保弘文 （同）, 須藤祐介 （同）, 金城貴之・木戸口泰樹 （㈱サウ
スプロダクト）, 金本自由生 （元愛媛大学）, 野田三千代 （海藻おしば協会）, 島袋寛盛 （HS・
(独) 水産総合研究センター・南西海区水産研究所）, 諸喜田茂充 （元琉球大学）, 平良守弘 （石
垣市役所）, 玉城泉也 （MT・(独) 水産総合研究センター・西海区水産研究所）, 藤吉栄次 （同）,
渡名喜盛二 （久米島町漁業協同組合）, 棚原盛秀 （潜水士）, 横地洋之 （東海大学）, 横井謙太
（ブルートライ）, 渡邉謙太 （国立沖縄高等工業専門学校）, 寺田竜太 （RT・鹿児島大学）

索引

あ

あーさ　　　*7,11,18,22*
アオサ（類，帯）　　　*9,10,11,15,18,21,22,24,73,*
　　85,111,114
アオノリ　　　*9,25*
アカソゾ　　　（図集6）
アカモク　　　*115,116*
アツバコモングサ　　　（図集7）
アナアオサ　　　（図集1）　　*22-24,25*
アミアオサ　　　（図集1）
アレロパシー（他感作用）　　*41,53,58*

い

異形世代交代　　　*20,42,58,98*
イソスギナ　　　（図集2）
イソノハナ　　　（図集6）
イソバショウ　　　（図集9）
イバラノリ　　　（図集5）　*89,92-94,114*
イワノリ（帯、類）　　*7,12,21,97-109,110,111,112*
　　114,115,135,144,157

う

ウスガネサ　　　（図集1）
ウスバウミウチワ　　　（図集3）
ウスユキウチワ　　　（図集3）
打ち寄せ波　　　*69*
ウチワサボテングサ　　　（図集2）　*156*
ウミウチワの一種　　　（図集3）
海草（うみくさ・かいそう）　　*8,118*
ウミジグサ　　　（図集10）　*7,119,121,144,*
　　148,149
ウミショウブ　　　（図集10）　*7,119,129,151*
ウミトラノオ　　　（図集3）
ウミヒルモ　　　（図集11）　*131,132*
ウミボッス　　　（図集12）
ウラボシヤハズ　　　（図集7）

え

栄養繁殖　　　*9,10,22,24,27,31,32,41,58,96,118,*
　　123,124,127,141

お

オオイソバナ　　　*116*
オオウミヒルモ　　　（図集11）　*119,133*
オキナワアナジャコ　　　*152*
オキナワモズク　　　（図集3，4）　*7,12,15,31,*
　　39-55,57

か

オゴノリ類　　　（図集5）

海藻　　　*8*
海草モ場　　　*10,14,21,32,45,46,47,50,51,114,*
　　118,119,122,123,124,131,133,135,136,137,
　　138,139,140,141,142,143,144,145,146,148,
　　149,150,151,153,154,155,158
カイメンソウ　　　（図集6）
カイノリ（帯）　　　（図集12）　*73,84,85,86*
開放性　　　*69,114*
カギケノリ　　　（図集9）
カゴメノリ　　　（図集8）
仮根　　　*62,63,64,65,78,79,80,81,82,87*
カサノリ　　　（図集2）
カサモク　　　*69*
カタオゴノリ　　　（図集5）
カタメンキリンサイ　　　（図集5）　*96*
褐藻類　　　*9,19,63*
果胞子　　　*91,93,96*
果胞子体　　　*89,90,91*
カモガシラノリ　　　（図集6）
ガラガラ　　　（図集6）
カラクサモク　　　（図集8）
カラゴロモ　　　（図集9）
還元層　　　*121*
岩礁性フラット　　　*67,79,81*

き

キシュウモク　　　*69*
キッコウグサ　　　（図集2）
休眠　　　*53,54*
キリンサイ　　　（図集5）　*9,12,95*

く

くずれ巻波　　　*68*
砕け寄せ波　　　*69*
クチ　　　*51*
クビレオゴノリ　　　（図集5）　*89-91,93*
クビレズタ　　　（図集1）　*7,9,27-38,150*
グンバイヒルガオ　　　*131*

け

ケコダハダ　　　（図集6）
原形質　　　*30*

こ

コアマモ　　　（図集10）　*7,119,120,146,148,*
　　150,151,152,154
高塩分化　　　*36,54,59,87,115*

165

航空写真　　50,133,135,136,137,139,142,143,
　　149
紅藻類　　8,9,90
好適生育場　　11,12,21,31,32,39,73,97,104,111
　　113,114,126,132,134,154
コケモドキ　　（図集6）
コハギズタ　　27,38
コバモク　　（図集7）

さ
サシグサ　　119,152
サボテングサ　　（図集2）

し
シオミドロ　　（図集3）
ジガミグサ　　（図集8）
雌性生殖器床（花）　　62,65
雌性配偶体　　19
指標植物　　16,115
四分胞子　　89,90,91,93,96
四分胞子嚢　　93
シマオオギ　　（図集3）
シマテングサ　　（図集6）
ジャバラノリ　　（図集12）
雌雄異株　　19,62,90,120,121,122,123,125,127,
　　129,131,132,133,134
ジュウタンシオグサ　　（図集12）
雌雄同株　　30,42,98
ジュゴン　　10,119,133,141
ジュズフサノリ　　（図集9）
受精　　16,23,43
準開放性　　69,114,153,154
初期葉　　62,63,65,79
植物指標　　155

す
ウミボッス　　（図集12）
スリコギズタ　　30

せ
生活環　　14,15,16,20,54,59,63,114
生活史　　14,15,114
生殖器床　　62,78,115
世代交代　　20
接合　　15,16,19,43,46
センナリズタ　　34

そ
造胞体　　23,25,42,43,90,91
造胞体世代　　58

ソデガラミ　　（図集6）

た
タカノハズタ　　（図集1）　27,38
卓越風　　13,14,71
タマミル　　（図集12）
タルガタシオミドロ　　（図集3）
タレツアオノリ（帯）　　（図集1）　25,73,80,81,
　　85
タンポヤリ　　（図集8）

ち
中性遊走子　　43
チュラシマモク　　（図集7）
潮下帯　　11
潮間帯　　11,12,16,18,22,68,114

つ
ツクシアマノノリ　　（図集5）　97

て
天然採苗　　20

と
同型世代交代　　23,25
トゲウミヒルモ　　（図集11）118,119,132,134
トゲノリ　　（図集5）
ドレッジ　　132
トレンチ　　133,141,152

な
ナガミル　　（図集8）
ナミイワタケ　　（図集12）
ナンカイソゾ　　（図集6）
ナンキガラガラ　　（図集9）

ぬ
ヌラマサ　　（図集9）

ね
ネザシミル　　（図集12）

は
配偶子　　9,15,16,19,23,30,43,91
ハイテングサ　　（図集6）　156
パッチ状　　140,141
ハナフノリ（帯）　　（図集5）　11,12,14,21,110-
　　113,135,144
ハリガネソゾ　　（図集9）

ひ
ヒジキ（帯）　　（図集4，8）　9,12,14,15,21,

61-87,105,114,135,158

ヒトエグサ　（図集1）　7,9,11,15,18-21
111,114,157

ヒナカサノリ　（図集2）

飛沫帯　11,12,16,97,98,100,102,103,104,
105,106,108,110,111,112,113,114

ヒメウミヒルモ　118

ヒメハモク　（図集3，8）

ヒラアオノリ　25,26

ヒライボ　（図集7）

ヒラタイシモ　（図集7）

ふ

フイリグサ　（図集9）

富栄養化　24,34,114

複相世代　20,23,25,42

フクロノリ　（図集3）　69

フサイワズタ　30

フサノリ　（図集9）

フタエオオギ　（図集8）

フデノホ　（図集1）

ヌラマサ　（図集9）

へ

閉鎖性　21,69,114,148,153,154

ベニアマモ　（図集10）　10,119,122,123,124,
125,138,141,148,149,153

ほ

ボウアオノリ　（図集1）　25,26

ボウバアマモ　（図集11）　19,125,126,
144,149,150,153

ポケット浜　71,142,150

ホソウミヒルモ　（図集11）　118,119,134

ホソバガラガラ　156,157

ホソバナミノハナ　（図集6）　69,156

ボタンアオサ　（図集1）

ホンダワラ類　9,10,39,57

ま

マガタマモ　（図集1）

マクリ　（図集6）

マジリモク　（図集7）

マツバウミジグサ（帯）　（図集10）　7,119,
122,139,146,148,149,151,152,154

マユハキモ　（図集8）

マルバアマノリ　（図集5）　97,105,107

み

ミズタマ　（図集2）　156

ミドリゲ　（図集2）

ミル　（図集2）

む

無性生殖　9,24,25,59,90,118

無性生殖細胞　19,23,54,90,91

も

モサオゴノリ　（図集5）

モズク　（図集3）　57-60

モフィットウミウチワ　（図集3）

モルッカイシモ　（図集7）

や

ヤマトウミヒルモ　118

ゆ

有性生殖　9,10,22,24,25,31,41,58,92,96,118,
124

雄性配偶体　19,23,90

遊走子　19,23,43,53

ユミガタオゴノリ　（図集5）

よ

幼胚　62

ら

ラッパモク　（図集3）　156

り

リボンアオサ　（図集1）

リュウキュウアマモ　（図集10）　119,125
126,144,149,150,153,154

リュウキュウガサ　（図集2）

リュウキュウスガモ　（図集11）　10,119,122
123,127,137,138,148,153

琉球石灰岩　32,63,66,67,73,98,100,102,111
114,115

緑藻類　8,19,23

167

〈著者略歴〉

当真　武（とうま　たけし　TOMA Takeshi ）

1941 年, 沖縄県中頭郡美里村（現沖縄市）生まれ. 琉球大学生物学科卒,
博士 (農学 九州大学).
（職歴）恩納村立安富祖中学校, 琉球政府立水産研究所に勤務, 本土復帰
と同時に沖縄県立水産試験場（現・沖縄県海洋水産研究技術開発センター）
に身分を引き継ぐ. 研究員, 主任研究員, 増殖室長, 八重山支場長などを
へて, 沖縄県海洋深層水研究所初代所長で定年退職. その後,（株）沖縄
環境分析センター技術顧問, 沖縄県環境評価委員, 琉球大学非常勤講師な
どつとめる.

〈主な著書〉『沖縄の海藻と海草（自然環境・養殖・海藻 250 種）』(2012
出版舎 Mugen). 共著として「沖縄大百科事典」上・中・下 (1983　沖
縄タイムス社)「浅海養殖」(1986　大成出版)「サンゴ礁域の増養殖」
(1988　緑書房)「食用海藻の栽培」(1991 恒星社厚生閣). Aquaculture
in Tropical Areas (1991). Midori Shobou：SEAWEED CULTIVATION
AND MARINE RANCHING(1993) Kanagawa International Training
Centaer Japan International Cooperative Agency (JICA).「有用海藻誌」
(2004 内田老鶴圃).

サンゴ礁の植物
沖縄の海藻と海草ものがたり

2019 年 11 月 18 日　初版第一刷発行

著者　　当真　武
発行者　池宮 紀子
発行所　㈲ ボーダーインク
　　　　〒 902-0076 沖縄県那覇市与儀 226-3
　　　　http://www.borderink.com
　　　　tel 098-835-2777　fax 098-835-2840
印刷所　株式会社 でいご印刷

定価はカバーに表示しています. 本書の一部を、または全部を無断で複製・転載・デジタルデー
タ化することを禁じます.

ISBN978-4-89982-371-1　© TOMA Takeshi　2019　printed in OKINAWA Japans